Das Grundschul-Wissen mit der Maus

Mathematik 1. bis 4. Klasse

Der komplette Lernstoff:
Clever nachschlagen mit Tipps von der Maus

von
Kirstin Allen-Oexle
Kathrin Glasschröder
Detlev Heuchert
Diana Hofheinz
Helga Müller-Wensky

Klett Lerntraining

DieMaus

Mein Grundschul-Wissen mit der Maus
Mathematik
1.–4. Klasse

Der komplette Lernstoff: Clever nachschlagen mit Tipps von der Maus

Autoren:
Kristin Allen-Oexle: Seiten 146–155, 169–172
Kathrin Glasschröder: Seiten 173–180, Innenklappen
Detlev Heuchert: Seiten 102–145, 166–168, 181–184
Diana Hofheinz: Seiten 14–77, 100–101, 156–161
Helga Müller-Wensky: Seiten 78–99, 162–165

Bibliografische Information der Deutschen Nationalbibliothek
Die Deutsche Nationalbibliothek verzeichnet diese Publikation in der Deutschen Nationalbibliografie; detaillierte bibliografische Daten sind im Internet über http://dnb.d-nb.de abrufbar.

Auflage 3 2 1 | 2016 2015 2014
Die letzten Zahlen bezeichnen jeweils die Auflage und das Jahr des Druckes.

Dieses Werk folgt der neuesten Rechtschreibung und Zeichensetzung.

Der vorliegende Band ist eine Bearbeitung von:
Die kleinen Lerndrachen: Mein Komplettwissen Grundschule Mathematik 1–4

www.klett.de/lernhilfen

Teamleiterin Grundschule und Kinderbuch: Susanne Schulz

Redaktion: Anita Leichert, Sabine Arenz

Umschlag- und Innengestaltung: Sabine Kaufmann, Stuttgart
Satz: tebitron gmbh, Gerlingen
Druck: Medienhaus Plump GmbH, Rheinbreitbach
Printed in Germany
ISBN 978-3-12-949155-3

9 783129 491553

Herzlich willkommen bei der Maus!

Super, dass du mit Maus, Ente und Elefant lernen möchtest. Mit ihnen macht das richtig viel Spaß.
In diesem Buch helfen sie dir bei all deinen Mathe-Fragen.

Name: Die Maus

Das macht die Maus besonders gerne:
Kniffelige Aufgaben findet sie toll! Manchmal benutzt sie ihren praktischen Schwanz, den sie ganz unterschiedlich als Werkzeug einsetzen kann.

Das sagen ihre Freunde über sie:
Sie gilt als pfiffig und neugierig. Aufgaben versucht sie, einfach und clever zu lösen.

So hilft sie dir: Sie erklärt dir alle wichtigen Mathe-Regeln, die du dir gut merken solltest.

Name: Die Ente

Das macht die Ente besonders gerne:
Sie liebt schwimmen und nascht sehr gerne. Im Moment übt sie fleißig fliegen, und das ist gar nicht so einfach.

Das sagen ihre Freunde über sie: Sie steht gerne im Mittelpunkt und macht Quatsch. Dabei ist sie immer sehr aufgeregt.

So hilft sie dir: Sie macht Unfug und sorgt dafür, dass du beim Lernen was zu lachen hast!

Name: Der Elefant

Das macht der Elefant besonders gerne:
Schlafen kann er immer und überall. Mit seinem langen Rüssel kann er eine Schlucht überbrücken, Wasser oder Luft saugen und natürlich auch trompeten.

Das sagen seine Freunde über ihn:
Er hilft, wo er kann. Du wirst sehen, dass er manchmal etwas übermütig und tollpatschig ist.

So hilft er dir: Er zeigt dir Tipps zu schwierigen Themen.

Inhalt

Zahlen und Zahlenräume

Die Grundrechenarten

Inhalt

Größen und Sachaufgaben (Textaufgaben)

Geometrie

Die Maus-Expertentipps

Klasse

Mathe-Übungen im Alltag mit der Maus

Anhang

Liebe Eltern,

Sie haben sich richtig entschieden: Dieses Buch ist der perfekte Begleiter durch die gesamte Grundschulzeit Ihres Kindes.

Es enthält den kompletten Stoff des Faches Mathematik der Grundschulklassen 1 bis 4, abgestimmt auf die aktuellen Lehrpläne der Bundesländer. Während der gesamten Grundschulzeit kann Ihr Kind das Buch nutzen und Regeln, Beispiele und Erklärungen selbstständig nachschlagen.

Dieses Buch kann Ihr Kind in vielfältigen Situationen verwenden: zum Nachschlagen und Wiederholen bei Hausaufgaben, zur Vorbereitung auf Klassenarbeiten und Tests oder ganz einfach, um Wissen aufzufrischen. Dabei wird Ihr Kind von der Maus und ihren Freunden unterstützt. Sie erklären Regeln und geben hilfreiche Tipps. So motiviert lässt es sich leichter lernen.

Der mathematische Lernstoff ist in **vier Großkapitel** eingeteilt, deren farbige Markierung an den oberen Seitenrändern zu Ihrer Orientierung dient:

Zahlen und Zahlenräume

Die Grundrechenarten

Größen und Sachaufgaben

Geometrie

Über das ausführliche Inhaltsverzeichnis sowie das Register (ab Seite 185) können Sie ein bestimmtes Thema leicht finden.

Ein zusätzliches Kapitel Spielerische Mathe-Übungen im Alltag mit der Maus unterstützt Sie bei der Förderung Ihres Kindes. Wie können Sie spielerisch und ganz nebenbei wichtige Grundlagen zum Fach Mathe in den Alltag mit einbeziehen, ohne lästiges Pauken? Zahlreiche Ideen und Tipps geben Ihnen hier wertvolle Fördermöglichkeiten.

Klasse 1 2 3 4

Im Inhaltsverzeichnis und bei den jeweiligen Kapiteln im Buch finden Sie in der Randspalte eine **Klassenstufen-Zuordnung**. Hier sehen Sie auf einen Blick, welches Thema in welcher Klasse besonders wichtig ist.

Wir wünschen Ihnen und Ihrem Kind viel Freude und Erfolg mit Ihrem Grundschulwissen!

Autoren und Verlag

Liebe Schülerin, lieber Schüler,

in diesem Buch findest du alles, was du im Fach Mathematik während deiner Grundschulzeit lernst und wissen solltest. Regeln und Beispiele von der Maus und ihren Freunden kannst du zu einem Lernthema schnell nachschlagen und wiederholen. Du wirst sehen, dass dann der Stoff bald so richtig „sitzt“!

Das Buch ist in vier große Kapitel eingeteilt:

Zahlen und Zahlenräume

Die Grundrechenarten

Größen und Sachaufgaben

Geometrie

Die unterschiedlichen Farben der Kapitel wiederholen sich auf jeder Seite oben. So kannst du dich gut zurechtfinden.

Das bedeuten die Zeichen und Symbole, die du im Buch findest:

In den grünen Merkkästen findest du alle Regeln. Präge sie dir gut ein.

46 + 12 = 58

Beispiele sind immer in Farbe gedruckt. Sie helfen dir, die Regeln besser zu verstehen und anzuwenden.

Schlag dazu auch auf Seite 44 nach.

Wenn es zu einem Lernthema noch an anderer Stelle im Buch Erklärungen gibt, findest du auf der Randspalte einen solchen Hinweis.

Die Maus hat einen Tipp für dich auf Seite 156.

Zu vielen Lernthemen hat die Maus einen cleveren Expertentipp für dich: Wie du zum Beispiel Fehler beim Schreiben vermeiden kannst. Diese Tipps findest du auf den Seiten mit hellgrüner Farbe.

Winkel

Was ist noch mal ein „Winkel“? Alle wichtigen Fachbegriffe kannst du ab Seite 181 nachschlagen.

U

Übertragszahl

Im Register ab Seite 185 kannst du nachschlagen, an welchen Stellen ein Wort im Buch vorkommt. „Übertragszahl“ wird zum Beispiel auf Seite 60 und auf Seite 74 behandelt.

Klasse 1 2

Auf der Randspalte des Inhaltsverzeichnisses und auf den Innenseiten siehst du auf einen Blick, welches Thema in welcher Klasse besonders wichtig ist.

Viel Freude und Erfolg mit diesem Buch!

Klasse 1 2

Mit Zahlen Mengen bezeichnen

Zahlen findest du fast überall. Sie begegnen dir zum Beispiel als Telefonnummern, in Datumsanzeigen, auf Geldscheinen oder auf der Uhr.

Mit Zahlen können wir Dinge nummerieren, wie zum Beispiel Tage im Kalender. Wir können damit auch etwas ordnen, wie beispielsweise Ranglisten beim Sport. Auch beim Messen sind Zahlen nahezu unentbehrlich. Es werden Länge, Gewicht und Zeit gemessen.

Oft müssen wir auch die **Anzahl** von Gegenständen wissen. Dann können wir die Zahlen zum Zählen nutzen und damit die **Größe einer Menge** angeben (Geld, Spielsachen).

Eine Menge besteht aus einzelnen **Elementen**. Das können Zahlen, Wörter oder Gegenstände sein. Die Anzahl der Elemente bestimmst du, indem du die einzelnen Elemente abzählst.
Das Ergebnis, das du dadurch erhältst, bezeichnet die Größe der Menge.

Diese Menge besteht aus 3 Elementen (Bälle).

Diese Menge besteht aus 2 Elementen (Autos).

Die Elemente einer Menge müssen aber nicht immer genau gleich sein. Man kann auch verschiedene Dinge zu einer Menge zusammenfassen. Die Gegenstände können beispielsweise alle die gleiche Farbe, die gleiche Form oder andere **gemeinsame Merkmale** haben.

Man kann auch Dinge zusammenfassen, die im selben Zusammenhang verwendet werden.

Diese Menge besteht aus 4 Elementen.
Es sind alles Schulsachen.

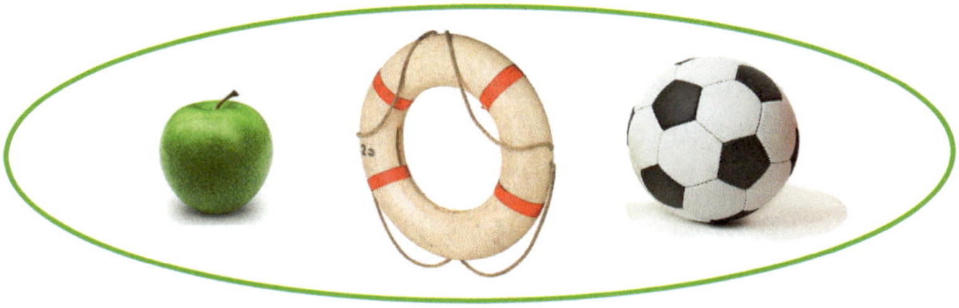

Diese Menge besteht aus 3 Elementen.
Alle Dinge sind rund.

Tipp

Schau dich in deinem Zimmer um! Welche Gegenstände kannst du nach bestimmten Merkmalen ordnen und zählen?

Klasse
1 2 3 4

Mit Zahlen Vergleiche anstellen

Mit diesen Zeichen > = < kann man Zahlen miteinander vergleichen. An der Stelle, an der die größere Zahl steht, hat das Zeichen die große Öffnung. Sind beide Zahlen gleich groß, steht ein Gleichheitszeichen dazwischen.

<	=	>
3 < 5	4 = 4	5 > 3
3 ist **kleiner als** 5	4 ist **gleich** 4	5 ist **größer als** 3

So kannst du **Längen, Mengen, Gewichte** und **Größenangaben** miteinander vergleichen. Dazu musst du zuerst herausfinden, welche der beiden Zahlen größer oder kleiner ist. Manchmal sind die beiden Zahlen auch gleich groß. Frag deine Mitschüler oder Familienmitglieder einmal nach ihrem Alter, ihrer Größe, ihrem Gewicht, und vergleich alle Angaben mit deinen.

Tipp

Zieh an der Spitze des Zeichens eine senkrechte Linie. Entsteht dadurch ein K, dann ist es das Kleinerzeichen. Beim Größerzeichen ergibt sich kein Buchstabe.

Mehrere Zahlen miteinander vergleichen

Nimm dein Lineal zur Hand. Hier sind die Zahlen der Größe nach geordnet. Such dir eine Zahl aus, und du erkennst, dass alle Zahlen, die links davon stehen, kleiner sind. Die Zahlen, die rechts davon stehen, sind größer.

3 < 4 **8 < 9**

So wie bei deinem Lineal kannst du auch mehrere Zahlen miteinander vergleichen und ordnen. Du kannst sie aufsteigend (von klein nach groß) oder absteigend (von groß nach klein) ordnen.

1 252 56 333 9 87 915

aufsteigend:
9 < 56 < 87 < 333 < 915 < 1 252

absteigend:
1 252 > 915 > 333 > 87 > 56 > 9

So findest du heraus, ob eine Zahl größer oder kleiner ist:

1. Schau, welches die längere Zahl ist. Diese ist größer.
2. Haben die Zahlen gleich viele Ziffern? Dann vergleich die erste Ziffer beider Zahlen (zum Beispiel die Tausender) miteinander. Gibt es hier eine höhere Ziffer, hast du die größere Zahl gefunden.
3. Sind diese auch gleich? Dann schaust du die nächste Stelle (zum Beispiel die Hunderter) an.

Beispiel:

8 7**9**5 > 8 7**8**5   1 85**3** < 1 85**6**

Klasse 1

Mit Zahlen Ordnungen herstellen

Mit Zahlen lassen sich verschiedene Dinge ordnen. Du kannst damit eine Rangliste erstellen oder, wie beim Datum, die Tage ordnen. Diese Zahlen nennt man dann **Ordnungszahlen.**

Man schreibt die Ordnungszahlen als Zahl mit einem Punkt dahinter. Die Ordnungszahl wird als Zahlwort ausgesprochen oder in einem Wort ausgeschrieben:

Ordnungszahl	Zahlwort
1.	der / die / das Erste
2.	der / die / das Zweite

Die Zahlwörter der Ordnungszahlen bildest du so: Bei den Zahlen 2, 4, 5, 6, 9 bis 19 fügst du ein *-te* am Ende an. Ab 20 fügst du *-ste* an.

Tipp

Die lila geschriebenen Zahlwörter sind Ausnahmen. Hier funktioniert die Regel nicht. Diese Zahlwörter musst du auswendig lernen.

1. der Erste
2. der Zwei**te**
3. der Dritte
4. der Vier**te**
5. der Fünf**te**
6. der Sechs**te**
7. der Siebte
8. der Achte
9. der Neun**te**
10. der Zehn**te**

20. der Zwanzig**ste**
30. der Dreißig**ste**
40. der Vierzig**ste**
...
100. der Hundert**ste**
1 000. der Tausend**ste**
1 000 000. der Million**ste**
(Ich war der Millionste Kunde im Laden.)

Klasse 1 2 3 4

Mit Zahlen Aufgaben lösen

Mit Zahlen und Rechenzeichen kann man zeigen, ob zu einer Sache etwas hinzugetan (addiert) oder etwas weggenommen (subtrahiert) wird. Mit Zahlen kann man auch ausdrücken, wie sich Dinge vervielfachen (multiplizieren) oder aufteilen (dividieren).

Schlag dazu auch auf den Seiten nach:
- Addition: 44–61
- Subtraktion: 62–77
- Multiplikation: 78–89
- Division: 90–99

Addieren

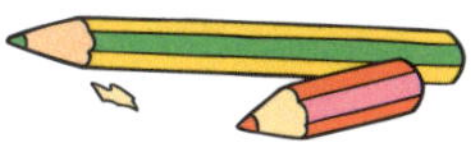

Auf dem Tisch liegen 2 Stifte. Die Maus legt gerade noch 1 Stift dazu. Wie viele Stifte liegen nun wohl auf dem Tisch?

Richtig! Nun liegen 3 Stifte auf dem Tisch.
Rechnung: $2 + 1 = 3$

Subtrahieren

Wenn du 7 Äpfel hast und isst 2 davon auf, dann bleiben noch 5 Äpfel übrig.
Rechnung: $7 - 2 = 5$

Multiplizieren

Du hast 2 Hasen. Jedes Tier frisst täglich 2 Karotten. Du musst also jeden Tag 4 Karotten aus dem Garten holen, damit beide Hasen satt werden.
Rechnung: $2 \cdot 2 = 4$

Dividieren

Eine Mutter hat 10 Bonbons. Diese möchte sie unter ihren 5 Kindern gerecht aufteilen. Jedes Kind erhält 2 Bonbons.
Rechnung: $10 : 5 = 2$

Klasse 1 2 3 4

Ziffern schreiben und Zahlwörter lesen

Ziffern und Zahlen schreibst du immer **von links nach rechts.** Beim Schreiben der Ziffern ist es wichtig, die Linien in der richtigen Reihenfolge auszuführen. Folg beim Schreiben immer den Pfeilen. Auf diese Weise kannst du die Ziffern schnell und trotzdem gut lesbar schreiben.

Klasse 1

Zahlwörter bis 20

Zu jeder Zahl, die du in Ziffern schreiben kannst, gehört auch ein Zahlwort. Diese Namen sind festgelegt. Du solltest sie gut beherrschen.

Zahl	Zahlwort
0	null
1	eins
2	zwei
3	drei
4	vier
5	fünf
6	sechs
7	sieben
8	acht
9	neun
10	zehn

Zahl	Zahlwort
11	elf
12	zwölf
13	dreizehn
14	vierzehn
15	fünfzehn
16	sechzehn
17	siebzehn
18	achtzehn
19	neunzehn
20	zwanzig

Klasse 2

Zahlwörter über 20

Ab der Zahl 20 ändert sich etwas: Hier taucht jetzt das Wort *und* auf, allerdings nicht bei den glatten Zehnerzahlen.

Zahl	Zahlwort
21	ein**und**zwanzig
22	zwei**und**zwanzig
23	drei**und**zwanzig
30	dreißig
31	ein**und**dreißig
40	vierzig
50	fünfzig
60	sechzig
70	siebzig
80	achtzig
90	neunzig
100	(ein)hundert
1 000	(ein)tausend
1 000 000	(eine) Million

Klasse 3 4

Du kannst jede beliebige Zahl als Zahlwort darstellen, auch ganz große Zahlen:
Die Zahl 9 450 lautet als Zahlwort neuntausendvierhundertfünfzig.

Schlag dazu auch auf Seite 22 nach.

Tipp

Im geschriebenen Text werden die Zahlen von 1 bis 12 meist als Zahlwörter geschrieben. Alle größeren Zahlen darfst du in Ziffern darstellen.

Klasse 1 2 3 4

Zahlen aussprechen

Das Lesen der Zahlen ist nicht schwer, du musst hier nur einige Regeln beachten.

Klasse 1 2

Zweistellige Zahlen (Zehner)

Schlag dazu auch auf Seite 21 nach.

Bei den zweistelligen Zahlen von 13 bis 99 tritt beim Sprechen eine andere Reihenfolge auf als beim Schreiben: Du schreibst sie zwar von links nach rechts, liest sie aber **von rechts nach links.**

23 du liest: dreiundzwanzig

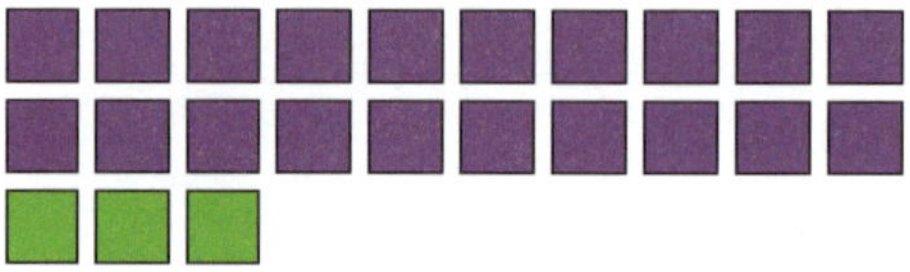

32 du liest: zweiunddreißig

Klasse 3 4

Dreistellige Zahlen (Hunderter)

Bei Zahlen ab 100 beginnt man beim Lesen immer an der höchsten Stelle, also links.

113 du liest: einhundertdreizehn

507 du liest: fünfhundertsieben

Bei den letzten beiden Stellen (Zehner und Einer) gilt für die Zahlen von 13 bis 99 wieder die oben stehende Regel.

547 du liest: fünfhundertsiebenundvierzig

389 du liest: dreihundertneunundachtzig

Klasse 3 4

Vierstellige Zahlen (Tausender)

Auch bei den vierstelligen Zahlen beginnst du beim Lesen bei der höchsten Zahl, bei den Tausendern. Danach kommen die Hunderter. Erst bei den Zehnern wechselt die Leserichtung wieder von rechts nach links.

3 547 du liest: dreitausendfünfhundertsiebenundvierzig

5 389 du liest: fünftausenddreihundertneunundachtzig

Klasse 4

Fünfstellige Zahlen (Zehntausender)

Wenn du fünfstellige Zahlen liest, fasst du die Zehntausender mit den Tausendern zusammen. Du liest diese ersten beiden Stellen von rechts nach links. Danach kommen die Hunderter. Die Zehner und Einer liest du wieder von rechts nach links.

83 547 du liest: dreiundachtzigtausend-fünfhundertsiebenundvierzig

25 389 du liest: fünfundzwanzigtausend-dreihundertneunundachtzig

Klasse 4

Sechsstellige Zahlen (Hunderttausender)

Bei den sechsstelligen Zahlen wird wieder an der höchsten Stelle begonnen, also links. Dann geht die Reihenfolge des Lesens so weiter, wie du sie schon kennst.

283 547 du liest: zweihundertdreiundachtzigtausend-fünfhundertsiebenundvierzig

425 389 du liest: vierhundertfünfundzwanzigtausend-dreihundertneunundachtzig

Klasse 1

Schlag dazu auch auf den Seiten 39 und 40 nach.

Zahlen einteilen

Jede Zahl außer der 0 hat zwei Nachbarn. Auf dem Zahlenstrahl kannst du das gut sehen. Diese beiden Nachbarzahlen nennt man **Vorgänger** und **Nachfolger.**

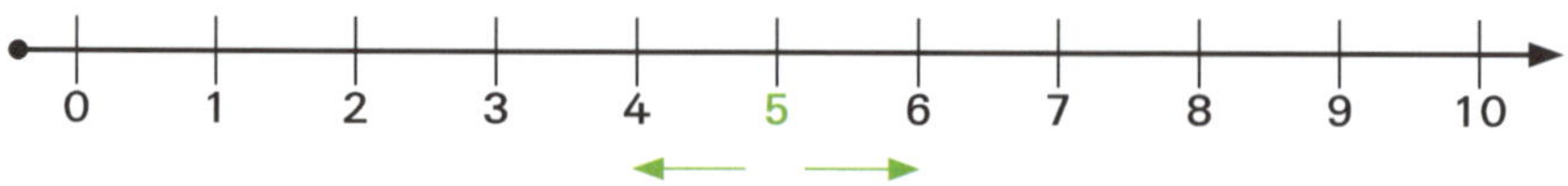

Die Maus hat einen Tipp für dich auf Seite 156.

Sieh dir die Zahl 5 an:

- Vor der 5 steht die 4. Das ist der Vorgänger der 5.
- Nach der 5 steht die 6. Das ist der Nachfolger der 5.

Dieser Zahlenstrahl ist in Einerschritten aufgebaut, es geht immer um 1 vorwärts. Du kannst einen Zahlenstrahl auch zum Beispiel in Zehnerschritte (10, 20, 30 …) einteilen. Der Vorgänger von 20 heißt dann 10, der Nachfolger 30.

Klasse 2

Gerade Zahlen, ungerade Zahlen

Gerade Zahlen sind durch 2 teilbar. Teilst du ungerade Zahlen durch 2, bleibt immer ein Rest übrig.

Alle Zahlen, bei denen der Einer eine 0, 2, 4, 6 oder 8 ist, sind gerade Zahlen.

Alle Zahlen, bei denen der Einer eine 1, 3, 5, 7 oder 9 ist, sind ungerade Zahlen.

28 Der Einer ist eine 8, es ist eine gerade Zahl.

29 Der Einer ist eine 9, es ist eine ungerade Zahl.

Tipp

Wenn du zwei ungerade Zahlen addierst, kommt immer eine gerade Zahl heraus!
5 + 7 = 12

Primzahlen

Klasse 3 4

Zahlen, die man nur durch sich selbst und durch 1 ohne Rest teilen kann, nennt man Primzahlen.

Die Zahlen 2, 3, 5, 7, 11, 13, 17 ... sind Primzahlen.
Es gibt unendlich viele davon.

Zu jeder Primzahl gibt es also nur zwei Geteiltaufgaben, die sich ohne einen Rest lösen lassen:

- Primzahl 2: $2 : 1 = 2$ $2 : 2 = 1$
- Primzahl 5: $5 : 1 = 5$ $5 : 5 = 1$

Tipp

Die 1 ist keine Primzahl. Zu ihr gibt es nur eine Geteiltaufgabe: $1 : 1 = 1$.

Nullen

Klasse 1 2 3 4

Die 0 ist eine besondere Zahl. Alleine stellt sie keinen Wert dar, sie ist nichts.

Addiert man sie zu einer Zahl oder subtrahiert man sie von einer Zahl, verändert sich die Zahl nicht.

Multipliziert man eine Zahl mit 0, erhält man als Ergebnis immer 0. Bei der Division erhält man 0, wenn der Dividend (die Zahl, die geteilt wird) 0 ist.

Der Divisor (die Zahl, durch die geteilt wird) darf **niemals** 0 sein, da man durch 0 nicht teilen kann!

Addition: $2 + 0 = 2$
Subtraktion: $3 - 0 = 3$
Multiplikation: $8 \cdot 0 = 0$
Division: $0 : 7 = 0$

Klasse 1 2

Muster schaffen

Wenn man viele Gegenstände zählen muss, passiert es schnell, dass man sich verzählt. Dann muss man wieder von vorn beginnen. Es gibt einige Möglichkeiten, die das Zählen von Dingen leichter machen.

Strichlisten erstellen

Die Maus hat einen Tipp für dich auf Seite 156.

Eine Strichliste ist eine gute Möglichkeit, auf einen Blick sehen zu können, wie viele Dinge du gezählt hast. Hier malst du für jeden gezählten Gegenstand einen Strich. Bei jedem fünften gezählten Gegenstand machst du einen Querstrich. Dieser fasst die bisherigen vier Striche zu einem **Fünferbündel** zusammen.

Du siehst hier 4 Bündel mit jeweils 5 Strichen:
- 5 + 5 + 5 + 5 = 20 Striche

Du kannst auch so rechnen:
- 4 · 5 = 20 Striche

Einkreisen

Wenn du viele kleine Gegenstände wie zum Beispiel Murmeln zählst, kannst du auch eine bestimmte Anzahl davon einkreisen. Zum Schluss musst du noch die Kreise zählen und mit der entsprechenden Anzahl multiplizieren.

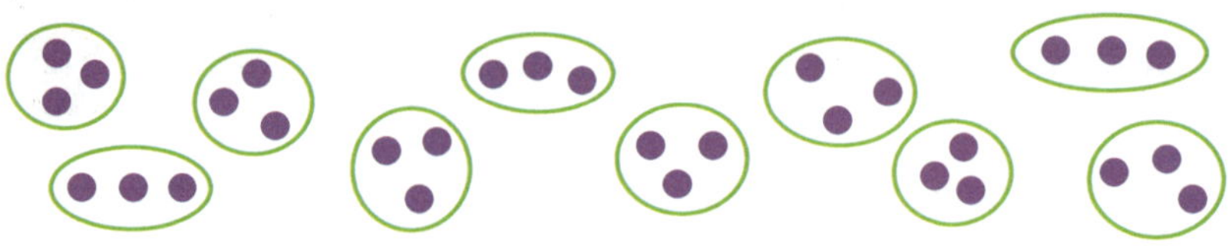

Du siehst hier 10 Einkreisungen mit jeweils 3 Murmeln:
- 3 + 3 + 3 + 3 + 3 + 3 + 3 + 3 + 3 + 3 = 30 Murmeln

Du kannst auch so rechnen:
- 10 · 3 = 30 Murmeln

Stapeln

Manchmal sind die Gegenstände, die du zählen musst, alle gleich hoch und lassen sich gut aufeinanderstapeln, zum Beispiel Geldstücke. Dann tust du dich mit dem Zählen leichter, wenn du immer gleich hohe Stapel machst.

Zum Schluss multiplizierst du die Anzahl der Stapel mit der Anzahl der einzelnen Gegenstände pro Stapel.

Du siehst hier 3 Stapel mit jeweils 5 Ein-Eurostücken:
- $5 + 5 + 5 = 15$ Ein-Eurostücke

Du kannst auch so rechnen:
- $3 \cdot 5 = 15$ Ein-Eurostücke

Reihen bilden

Wenn die zu zählenden Dinge gleich lang sind, kannst du sie auch aneinanderfügen und somit gleich lange Reihen herstellen. Am Ende zählst du die Anzahl der Reihen und multiplizierst diese mit ihren Einzelelementen.

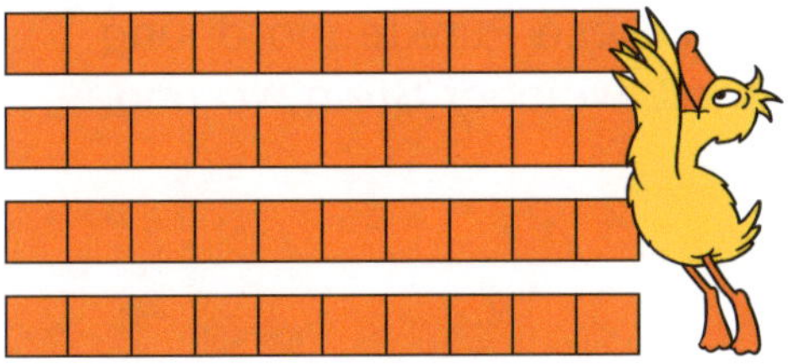

Du siehst hier 4 Reihen mit jeweils 10 Steckwürfeln:
- $10 + 10 + 10 + 10 = 40$ Steckwürfel

Du kannst auch so rechnen:
- $4 \cdot 10 = 40$ Steckwürfel

Klasse 1

Muster entdecken

Manchmal helfen Muster dabei, zu erkennen, wie viele Gegenstände hier zusammengefasst wurden.

Das bedeutet, dass man nicht mehr alle Dinge einzeln zählen muss. Man weiß bei den jeweiligen Mustern sofort, welche Anzahl sich dahinter verbirgt.

So wissen wir bei einer **Hand** oder einem **Fuß,** dass sich 5 Finger oder 5 Zehen daran befinden – ganz ohne zu zählen.

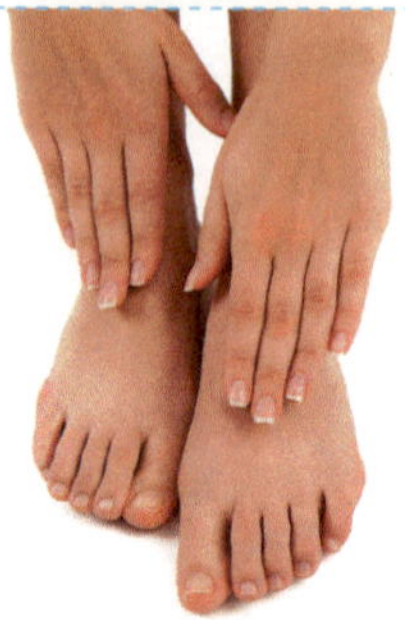

Ein **Würfel** hat immer 6 Seiten. Die Punkte, man nennt sie auch Augen, sind nach einem bestimmten Muster angeordnet.

Auch bei **Dominosteinen** taucht diese Punkteanordnung wieder auf. So sieht man schnell, welcher Stein wo angelegt werden muss.

Tipp

Schau dich um. Sicher findest du noch weitere Zahlenmuster in deiner Umgebung!

Klasse 2 3

In **Getränkekisten** mit Bierflaschen sind meistens 24 Flaschen. In Kisten für Wasser und Limonade passen 12 Flaschen hinein. Damit wir aber nicht so schwer tragen müssen, gibt es inzwischen auch Kisten mit 6 Flaschen.

Auch bei **Eierkartons** hast du sicher schon gesehen, dass es immer wieder die gleichen Packungsgrößen gibt. In manche Eierkartons passen 6 Eier, in andere 10 Eier. Manchmal siehst du auch Eierpaletten mit 30 Eiern.

Klasse 2 3

Schau dir ein **Schachbrett** an. Musst du zählen, wie viele Kästchen darauf sind, oder weißt du es? Es sind immer 64 Kästchen, 32 schwarze und 32 weiße.

Schlag dazu auch auf Seite 108 nach.

Ein **Meterstab** ist in der Regel 2 Meter lang. 2 Meter sind umgerechnet 200 Zentimeter. Das bedeutet, dass 201 Zahlen auf diesem Meterstab stehen: die Zahl 0 und alle Zahlen von 1 bis 200.

Auf einem Meterstab siehst du auch kleine Striche. Sie zeigen die Millimeter an. 2 Meter ergeben umgerechnet 2000 Millimeter. Ein Meterstab dieser Länge hat immer 2000 Millimeterstriche.

Klasse 2 3

Ziffern und Ziffernkarten

Aus den Ziffern 0, 1, 2, 3, 4, 5, 6, 7, 8 und 9 kannst du jede beliebige Zahl zusammensetzen. Sehr gut geht das mit Ziffernkarten. Das sind Karten, auf denen nur eine Ziffer steht. Man kann mehrere Ziffernkarten zu einer größeren Zahl zusammenlegen.

Klasse 2

Zweistellige Zahlen

Mit den Ziffern [2] und [7] kannst du die Zahl [2][7] und die Zahl [7][2] bilden.

Klasse 3

Dreistellige Zahlen

Aus den Ziffern [2] [7] [8] können sechs verschiedene Zahlen entstehen, wenn jede Ziffer einmal verwendet wird.

872	782	278
287	827	728

Mit 4 Ziffernkarten kannst du schon 24 verschiedene Zahlen zusammensetzen. Probier's mal aus!

Schlag dazu auch auf den Seiten 32–34 nach.

Die **Ziffern** sind zwar hier immer die gleichen, aber der **Zahlenwert** ist immer anders. Es kommt darauf an, an welcher Stelle die jeweilige Ziffer steht.

Man kann die Zahlen, die sich aus den Ziffern 2, 7 und 8 zusammenstellen lassen, der Größe nach ordnen. Dann ergibt sich diese Reihenfolge:
278, 287, 728, 782, 827, 872

Klasse 1 2 3 4

Zahlen zerlegen

Du kannst jede Zahl in mindestens zwei Zahlen zerlegen. Für jede Zahl gibt es immer eine Zerlegungsmöglichkeit mehr, als die Zahl groß ist.

Klasse 1 2

Die Zahl 1 kann in zwei Zahlen zerlegt werden:
- 1 = 1 + 0
- 1 = 0 + 1

Bei der Zahl 4 gibt es fünf Möglichkeiten, diese Zahl in zwei einzelne Zahlen zu zerlegen:

4 = 4 + 0
4 = 3 + 1
4 = 2 + 2
4 = 1 + 3
4 = 0 + 4

Klasse 3 4

Mehrstellige Zahlen lassen sich auch in ihre Tausender, Hunderter, Zehner und Einer zerlegen:

- 526 = 500 (Hunderter) + 20 (Zehner) + 6 (Einer)
- 8654 = 8000 (Tausender) + 600 (Hunderter) + 50 (Zehner) + 4 (Einer)

Jede Addition und jede Subtraktion ist im Grunde eine Zahlzerlegung:
- 180 = 80 + 100
- 180 − 80 = 100

Klasse
2 3 4

(Klasse 2:
Rechnen bis 100)

Schlag dazu auch auf den Seiten 30 und 34 nach.

Von einstelligen zu mehrstelligen Zahlen (Zehnerbündelung)

Zahlen bildest du aus einzelnen Ziffern. Dabei ist es wichtig, an welcher Stelle die jeweilige Ziffer steht.

12 Hier steht die Ziffer 1 bei den Zehnern und die Ziffer 2 bei den Einern.

21 Hier steht die Ziffer 2 bei den Zehnern und die Ziffer 1 bei den Einern.

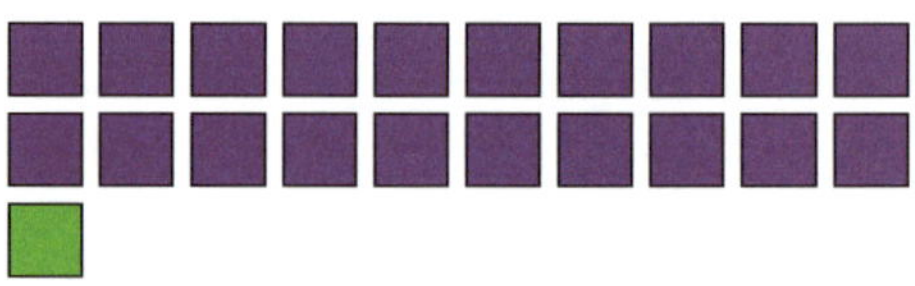

Unser Zahlensystem arbeitet mit **Zehnerbündeln.** Man nennt es auch **Zehnersystem** oder **Dezimalsystem.** Immer 10 einer Einheit (Einer, Zehner …) können zu einer neuen, größeren Einheit zusammengefasst werden.

Tipp

Das Wort Dezimal leitet sich vom lateinischen Begriff decem ab und bedeutet „zehn".

Aus 10 Einern wird 1 Zehner (Z).
Aus 10 Zehnern wird 1 Hunderter (H).
Aus 10 Hundertern wird 1 Tausender (T).
Aus 10 Tausendern wird 1 Zehntausender (ZT).
Aus 10 Zehntausendern wird 1 Hunderttausender (HT).
Aus 10 Hunderttausendern wird 1 Million (M).

Wenn du die Zehnerbündelung in Ziffern darstellst, sieht das so aus:

Zehner:	$1 \cdot 10$	=	10
Hunderter:	$10 \cdot 10$	=	100
Tausender:	$10 \cdot 10 \cdot 10$	=	1 000
Zehntausender:	$10 \cdot 10 \cdot 10 \cdot 10$	=	10 000
Hunderttausender:	$10 \cdot 10 \cdot 10 \cdot 10 \cdot 10$	=	100 000
Million:	$10 \cdot 10 \cdot 10 \cdot 10 \cdot 10 \cdot 10$	=	1 000 000

Du weißt nun, dass immer 10 von einer Einheit zu einer neuen, größeren Einheit gebündelt werden können.

Hier siehst du, dass jede neue, größere Einheit eine Stelle weiter links steht und somit auch eine Ziffer mehr aufweist:

Million	Hundert-tausender	Zehn-tausender	Tausender	Hunderter	Zehner	Einer	Zahlwort
1	0	0	0	0	0	0	eine Million
	1	0	0	0	0	0	einhundert-tausend
		1	0	0	0	0	zehn-tausend
			1	0	0	0	ein-tausend
				1	0	0	ein-hundert
					1	0	zehn
						1	eins

Klasse 3 4

Schlag dazu auch auf Seite 32 nach.

Die Stellenwerttafel

Stellenwerttafeln sind eine gute Möglichkeit, die einzelnen **Stellen von Zahlen** deutlich darzustellen. Hier bekommt jede Ziffer eine eigene Spalte. Du trägst in jede Spalte die entsprechende Anzahl ein.

Deine Zahl heißt zum Beispiel 12 096, das Zahlwort dazu lautet: zwölftausendsechsundneunzig.

Zehntausender ZT	Tausender T	Hunderter H	Zehner Z	Einer E
1	2	0	9	6

Die Maus hat einen Tipp für dich auf Seite 156.

Lautet deine Zahl 2 096, dann sieht sie als Zahlwort so aus: zweittausendsechsundneunzig. Sie wird in der Stellenwerttafel folgendermaßen dargestellt:

Zehntausender ZT	Tausender T	Hunderter H	Zehner Z	Einer E
	2	0	9	6

2 096 hat keine Ziffer bei den Zehntausendern, deshalb schreibst du hier eine 0 oder lässt die Spalte leer.

Wenn du eine 0 in die erste Spalte der Stellenwerttafel eingetragen hast, lässt du diese aber beim Schreiben der Zahl weg. Also schreibst du 2 096 und nicht 02 096.

Nullen in der Mitte der Zahl darfst du nicht weglassen, denn diese sind wichtig. 2 096 ist nicht das Gleiche wie 296!

Klasse 2 3 4

Einer, Zehner, Hunderter

Wenn man Zahlen bildlich darstellen möchte, verwendet man meist kleine Würfel.

Einzelne kleine **Würfel** stehen für die Einer.
Eine zusammengesteckte Würfelreihe mit 10 einzelnen Würfeln stellt die **Zehnerstange** dar.

Einerwürfel: 1

Zehnerstange: 10

Um die Zahl 100 darzustellen, muss man 10 Zehnerstangen nebeneinanderlegen. Ab einer gewissen Menge an Zehnerstangen wird das aber unübersichtlich. Deshalb hat man hier die **Hunderterplatte** als Symbol gewählt.

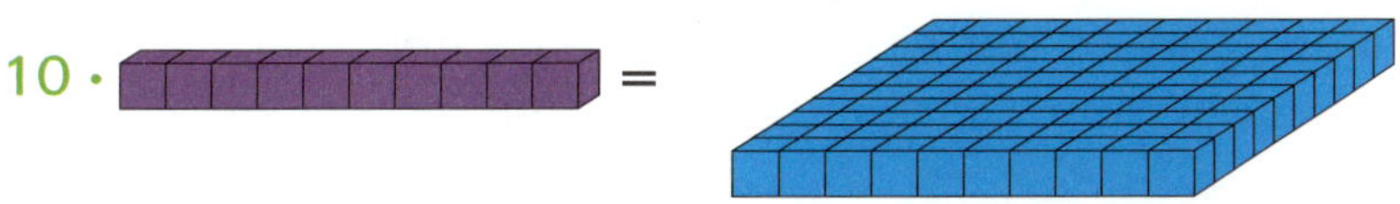

Hunderterplatte: 100

Die Zahl 234 sieht dann so aus:

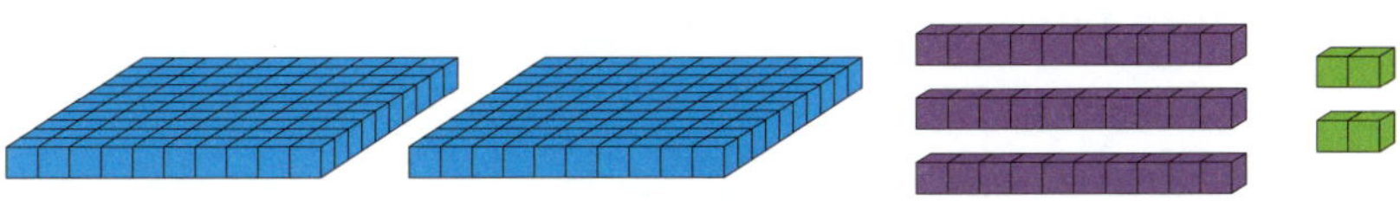

Punkt, Strich, Quadrat

Die Schreibweise, die du oben siehst, ist zwar sehr deutlich, manchmal aber etwas umständlich. Man kann die Zahlen noch einfacher darstellen, indem man sie zusammenfasst.

Statt des Einerwürfels malt man einen Punkt. ●

Statt der Zehnerstange zeichnet man einen Strich.

Statt der Hunderterplatte malt man ein Quadrat. ■

Die Zahl 234 sieht dann so aus:

■ ■ ||| ● ● ● ●

Klasse 1

Rechenrahmen, Zwanzigerfeld, Hunderterfeld

Es gibt unterschiedliche Möglichkeiten, Zahlen und Mengen darzustellen. Häufig werden Rahmen und Felder genutzt, die den Wert der Zahl übersichtlich darstellen.

Zwanziger-Rechenrahmen

Der Zwanziger-Rechenrahmen besteht aus 2 Reihen mit jeweils 10 Perlen. Die unterschiedlichen Farben der Perlen erleichtern dir das Abzählen.

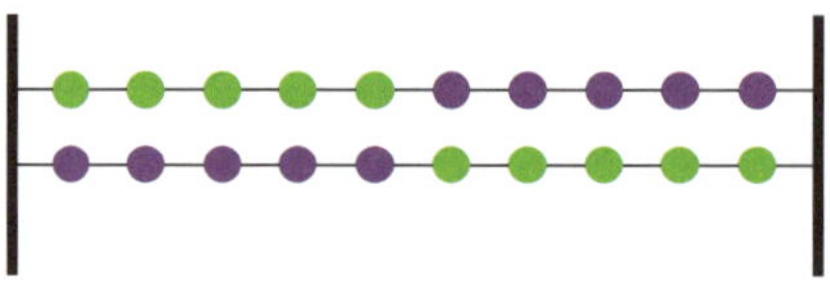

Zwanzigerfeld

Das Zwanzigerfeld hat einen ähnlichen Aufbau wie der Rechenrahmen. Hier gibt es 2 Reihen mit jeweils 10 Feldern.

Damit du die Anzahl der Punkte schnell erkennen kannst, ist das Zwanzigerfeld in 4 Fünfergruppen eingeteilt. Sie sind durch breitere Linien voneinander getrennt.

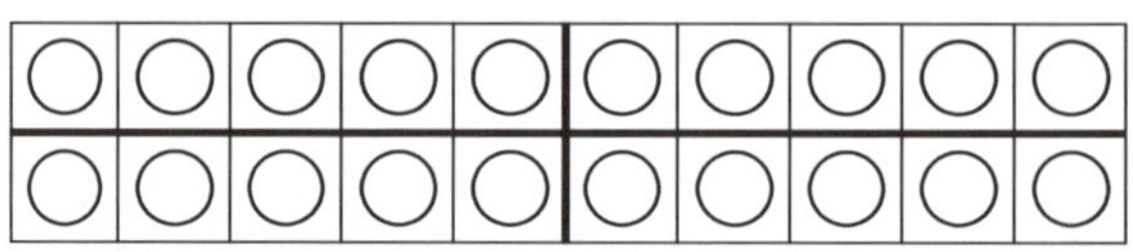

Wenn du Legeplättchen verwendest, kannst du mit einem Zwanzigerfeld gut rechnen. Du legst die entsprechende Anzahl an Plättchen in das Feld und liest die Lösung ab.

$5 + 2 = 7$

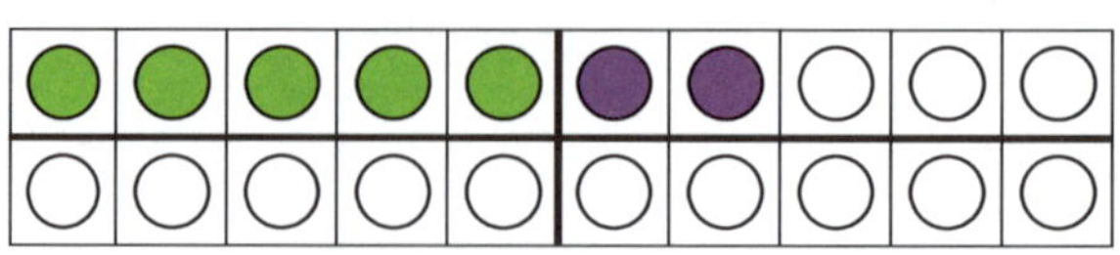

Klasse 2

Hunderter-Rechenrahmen

Er hat 10 Reihen mit je 10 Perlen. Oft findest du bei diesen Rechenrahmen eine Aufteilung in 4 Felder mit jeweils 25 Perlen.

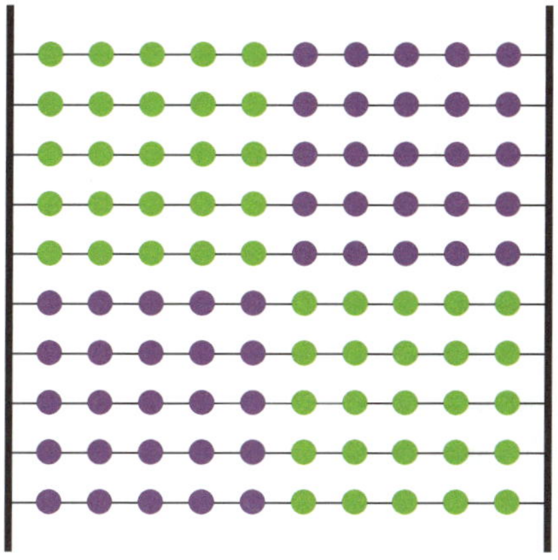

Hunderterfeld

Das Hunderterfeld ist wie der Hunderter-Rechenrahmen aufgebaut. Damit man sich besser darin zurechtfindet, ist es in 4 Blöcke mit jeweils 25 Punkten (5 · 5) aufgeteilt. Diese werden durch breitere Linien voneinander abgetrennt.

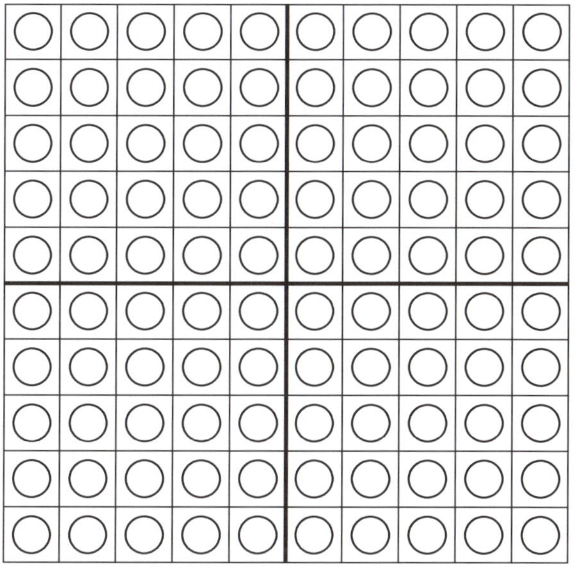

Klasse 2

Zahlen darstellen mit dem Hunderter-Rechenrahmen und dem Hunderterfeld

Mit dem Rechenrahmen und dem Hunderterfeld kannst du Zahlen übersichtlich darstellen. Am Rechenrahmen sieht beispielsweise die Zahl 52 so aus:

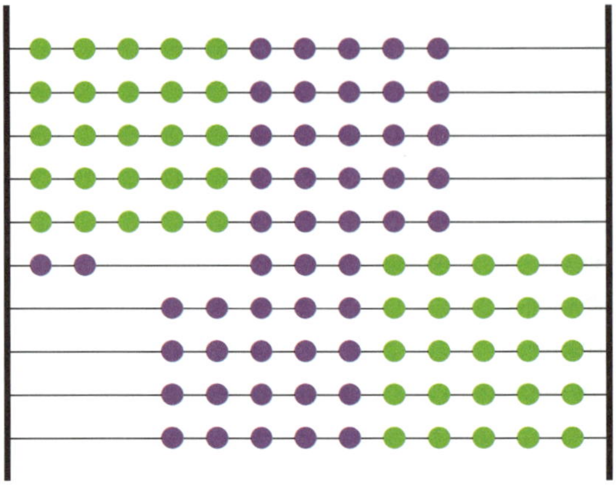

Wenn man mit einem Hunderterfeld Zahlen darstellen möchte, kann man einen **Abdeckwinkel** verwenden. Mit diesem deckt man immer die Punkte ab, die man gerade nicht braucht. Wenn deine Zahl 52 lautet, wird das mit dem Hunderterfeld und dem Abdeckwinkel so dargestellt:

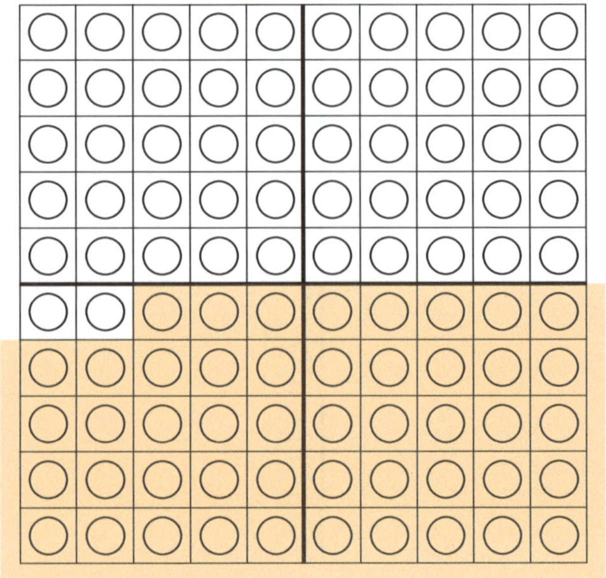

Tipp

Je mehr Einzelfelder du mit dem Abdeckwinkel abdeckst, desto kleiner ist deine Zahl.

Die Hundertertafel

Klasse 2

Die Hundertertafel besteht aus 100 einzelnen Feldern. Sie zeigt in Zehnerreihen alle Zahlen von 1 bis 100. Hier hat jede Zahl ihren festen Platz.

Wie das Hunderterfeld ist sie durch breite Linien in 4 Felder aufgeteilt. In jedem Feld stehen 25 Zahlen.

- Wenn du ein Feld nach links gehst, ist die Zahl um 1 kleiner. Das ist der **Vorgänger** deiner Zahl.
- Gehst du ein Feld nach rechts, dann ist die Zahl um 1 größer. Das ist der **Nachfolger** deiner Zahl.
- Wenn du ab der zweiten Zeile ein Feld nach oben gehst, ist die Zahl **um 10 kleiner.**
- Gehst du ein Feld nach unten, ist die Zahl **um 10 größer.**

Schlag dazu auch auf Seite 24 nach.

Du hast die Zahl 25 ausgewählt:
- Links davon steht der Vorgänger 24.
- Rechts davon befindet sich der Nachfolger 26.
- Die Zahl darüber heißt 15.
- Die Zahl darunter lautet 35.

1	2	3	4	5	6	7	8	9	10
11	12	13	14	15	16	17	18	19	20
21	22	23	24	25	26	27	28	29	30
31	32	33	34	35	36	37	38	39	40
41	42	43	44	45	46	47	48	49	50
51	52	53	54	55	56	57	58	59	60
61	62	63	64	65	66	67	68	69	70
71	72	73	74	75	76	77	78	79	80
81	82	83	84	85	86	87	88	89	90
91	92	93	94	95	96	97	98	99	100

Klasse
2 3 4

(Klasse 2:
Rechnen bis 100)

Schlag dazu auch auf Seite 24 nach.

Der Zahlenstrahl

Auf einem Zahlenstrahl kannst du Zahlen eintragen. Der Zahlenstrahl ist eine Linie, auf der Zahlen aufsteigend angeordnet sind. Mit kleinen Strichen wird der Zahlenstrahl in viele verschiedene Abschnitte geteilt. Jede Zahl wird einem dieser Striche zugeordnet.

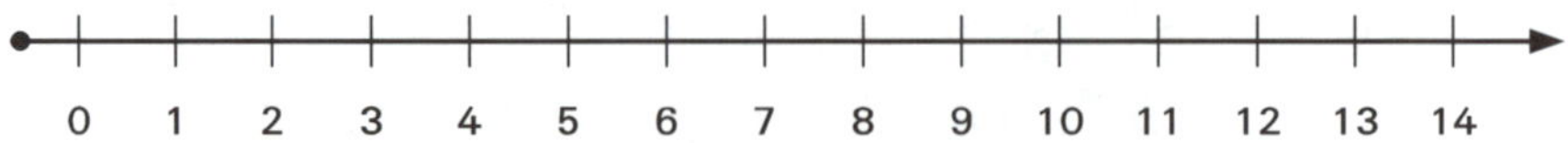

Zahlenstrahle können unendlich lang sein. Sie können zum Beispiel in Einerschritten, Zehnerschritten oder Hunderterschritten eingeteilt sein. Die Abstände zwischen den Zahlen müssen dabei aber immer gleich groß sein.

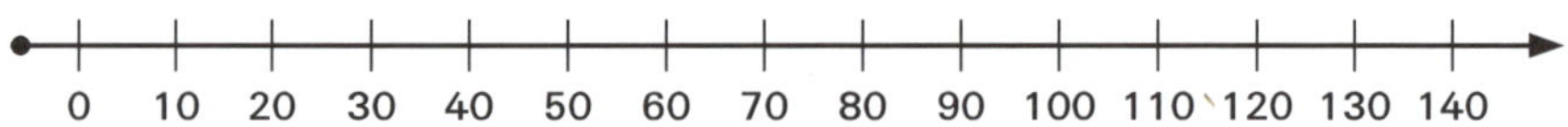

Der Zahlenstrahl muss nicht bei 0 anfangen, denn manchmal brauchst du nur einen kleinen Bereich des ganzen Strahls.

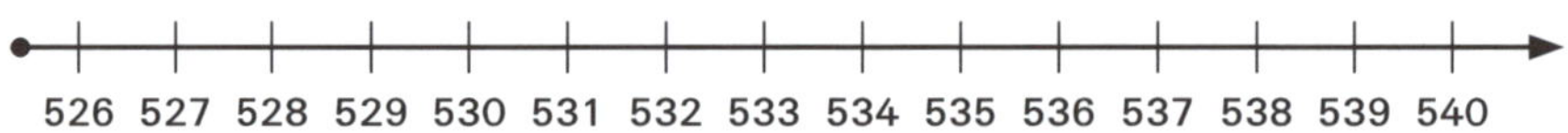

Tipp

Je weiter du nach rechts gehst, desto höher wird die Zahl!

Nicht immer ist jede einzelne Zahl auf einem Zahlenstrahl zu sehen. Wenn man wissen will, wo eine Zahl auf dem Zahlenstrahl hingehört, sucht man nach den nächsten Nachbarzahlen. Das können die direkten Nachbarn sein, aber auch die Nachbarzehner oder Nachbarhunderter.

Deine Zahl heißt 426: Sie liegt zwischen 420 und 430. Diese beiden Zahlen sind die **Nachbarzehner** von 426.

Die Maus hat einen Tipp für dich auf Seite 156.

Ist der Zahlenstrahl in Hunderterschritten eingeteilt, suchst du nach den Nachbarhundertern.

Bei der Zahl 426 heißen die beiden **Nachbarhunderter** 400 und 500.

Hat eine Zahl keinen eigenen Strich am Zahlenstrahl, dann rundest du sie. Nach dem **Runden** kannst du der Zahl einen Strich zuordnen.

Schlag dazu auch auf Seite 100 nach.

Die Zahl 426 kannst du auf diesem Zahlenstrahl nicht exakt eintragen. Deshalb wird sie auf 430 aufgerundet.

Bei den Zahlen **0, 1, 2, 3, 4** wird abgerundet.

Ab den Zahlen **5, 6, 7, 8, 9** wird aufgerundet.

Schau dir zum Runden immer die Zahl an, die rechts neben der Zahl steht, die du runden willst.

Klasse 4

Römische Zahlen

Sicher hast du auf alten Uhren oder in Kirchen schon fremde Zahlzeichen gesehen. Diese stammen aus der Zeit der Römer, die auf diese Weise ihre Zahlen dargestellt haben. Man nennt diese Zeichen römische Zahlen.

Die Römer bildeten ihre Zahlen aus nur 7 verschiedenen Buchstaben. Jeder Buchstabe hat einen festgelegten Wert:

I	V	X	L	C	D	M
1	5	10	50	100	500	1 000

Die Zahlen bis 20 sehen in römischen Zahlen so aus:

I	II	III	IV	V	VI	VII	VIII	IX	X
1	2	3	4	5	6	7	8	9	10

XI	XII	XIII	XIV	XV	XVI	XVII	XVIII	XIX	XX
11	12	13	14	15	16	17	18	19	20

Kommas

Um die verschiedenen Zahlen bilden zu können, muss man einige Regeln kennen.

Das Zahlzeichen, das rechts neben einem gleichen oder einem größeren Zeichen steht, wird **addiert.**

Das Zahlzeichen, das links von einem größeren Zeichen steht, wird **subtrahiert.**

VI = 5 + 1 = 6 — I steht rechts von V. V ist größer als I.

CL = 100 + 50 = 150 — L steht rechts von C. C ist größer als L.

IV = 5 − 1 = 4 — I steht links von V. V ist größer als I.

XL = 50 − 10 = 40 — X steht links von L. L ist größer als X.

Auch gleiche römische Zahlen können nebeneinanderstehen. Aber sie dürfen höchstens dreimal nebeneinander geschrieben werden.

Die Zeichen V, L und D kommen in einer Zahl immer nur einmal vor.

Bei großen Zahlen sieht die römische Schreibweise so aus:

CCLXI 100 + 100 + 50 + 10 + 1 = 261

XLIV 50 − 10 + 5 − 1 = 44

Klasse

1 2 3 4

(Fachbegriffe werden ab der 2. Klasse verwendet)

Was Addition bedeutet

Der Begriff *Addition* ist lateinisch und bedeutet **hinzufügen, dazugeben.** In vielen Alltagssituationen wird etwas hinzugefügt. Man zählt also das, was dazugegeben wird, mit dem zusammen, was schon da ist.

In der Mathematik drückt man das mit dem Rechenzeichen + (sprich: *plus*) aus.

Der Elefant hat 3 Geschenke und bekommt noch 2 Geschenke dazu.
Nun stehen 5 Geschenke vor ihm.
$3 + 2 = 5$

Du hast 50 Euro in deinem Sparschwein. Deine Oma wirft noch 10 Euro hinein. In deinem Sparschwein befinden sich nun 60 Euro.
$50 + 10 = 60$

Tipp

Kleinere Additionsaufgaben kannst du durch Abzählen lösen oder auch auswendig lernen.

Die einzelnen Zahlen oder Dinge, die bei einer Addition zusammengezählt werden, nennt man **Summanden.** Das **Ergebnis** wird **Summe** genannt.

	3	+	2	=	5
	Summand		Summand		Summe
Du liest:	drei	plus	zwei	gleich	fünf

Regeln helfen beim Rechnen

Klasse 1 2 3 4

(Klasse 1: Rechnen bis 20)

Beim Addieren gibt es zwei wichtige Rechengesetze, die du kennen musst:

Vertauschungsgesetz (Kommutativgesetz)

Bei der Addition kannst du die **Summanden** vertauschen. Die Summe bleibt dabei gleich. Es gibt also immer eine **Aufgabe** und eine **Tauschaufgabe.**

Schlag dazu auch auf Seite 47 nach.

Aufgabe: $6 + 3 = 9$

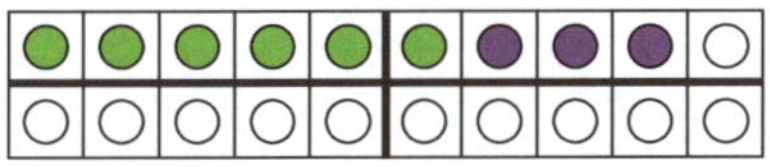

Tauschaufgabe: $3 + 6 = 9$

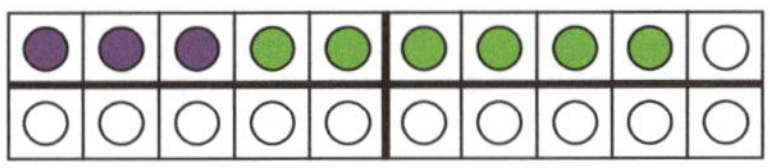

Zusammenfassungsgesetz (Assoziativgesetz)

Wenn eine Additionsaufgabe mehrere Summanden hat, lassen sich diese beliebig zusammenfassen, ohne dass sich die Summe ändert. Die **Summanden,** die du zusammenfassen möchtest, kannst du in Klammern setzen. Die Aufgaben in den **Klammern** löst du zuerst.

$48 + 13 + 27 = \square$

1. $(48 + 13) + 27 = 61 + 27 = 88$ oder
2. $48 + (13 + 27) = 48 + 40 = 88$

Die zweite Variante ist geschickter, weil du hier die Aufgabe in der Klammer (13 + 27) leichter rechnen kannst als in der ersten Variante (48 + 13).

Auch der zweite Teil der Aufgabe ist bei der zweiten Lösungsmöglichkeit einfacher zu rechnen als bei der ersten: $48 + 40 = 88$ rechnet sich leichter als $61 + 27 = 88$. Es ist also sinnvoll zu prüfen, welche Summanden du am besten zusammenfassen kannst.

Klasse

1 2 3 4

(Klasse 1: Rechnen bis 20)

Umkehraufgaben nutzen

Zu jeder Additionsaufgabe gibt es eine Umkehraufgabe. Eine Umkehraufgabe der Addition ist die entsprechende Aufgabe der Subtraktion.

Schlag dazu auch auf den Seiten 65 und 77 nach.

Aufgabe: 20 € + 3 € = 23 €
Umkehraufgabe: 23 € – 3 € = 20 €

Tipp

Mit der Umkehraufgabe kannst du deine Additionsaufgabe überprüfen. So siehst du, ob du richtig gerechnet hast!

Die Umkehraufgabe hilft dir, **Platzhalteraufgaben** zu rechnen.

Aufgabe: □ + 17 = 22

Umkehraufgabe: 22 – 17 = 5

Ergebnis: 5 + 17 = 22

Die Einspluseins-Tafel

Klasse
1 2

Die Einspluseins-Tafel hilft dir dabei, alle Additionsaufgaben im Zahlenraum von 1 – 20 auf einen Blick zu erfassen. Du musst aber nicht alle Aufgaben auswendig lernen, denn die meisten von ihnen kannst du von den **Grundaufgaben** ableiten. Diese sind in dieser Tafel farbig markiert.

Die Maus hat einen Tipp für dich auf den Seiten 157 und 158.

+	0	1	2	3	4	5	6	7	8	9	10
0	0 + 0	0 + 1	0 + 2	0 + 3	0 + 4	0 + 5	0 + 6	0 + 7	0 + 8	0 + 9	0 + 10
1	1 + 0	**1 + 1**	1 + 2	1 + 3	1 + 4	1 + 5	1 + 6	1 + 7	1 + 8	1 + 9	1 + 10
2	2 + 0	2 + 1	**2 + 2**	2 + 3	2 + 4	2 + 5	2 + 6	2 + 7	2 + 8	2 + 9	2 + 10
3	3 + 0	3 + 1	3 + 2	**3 + 3**	3 + 4	3 + 5	3 + 6	3 + 7	3 + 8	3 + 9	3 + 10
4	4 + 0	4 + 1	4 + 2	4 + 3	**4 + 4**	4 + 5	4 + 6	4 + 7	4 + 8	4 + 9	4 + 10
5	5 + 0	5 + 1	5 + 2	5 + 3	5 + 4	**5 + 5**	5 + 6	5 + 7	5 + 8	5 + 9	5 + 10
6	6 + 0	6 + 1	6 + 2	6 + 3	6 + 4	6 + 5	**6 + 6**	6 + 7	6 + 8	6 + 9	6 + 10
7	7 + 0	7 + 1	7 + 2	7 + 3	7 + 4	7 + 5	7 + 6	**7 + 7**	7 + 8	7 + 9	7 + 10
8	8 + 0	8 + 1	8 + 2	8 + 3	8 + 4	8 + 5	8 + 6	8 + 7	**8 + 8**	8 + 9	8 + 10
9	9 + 0	9 + 1	9 + 2	9 + 3	9 + 4	9 + 5	9 + 6	9 + 7	9 + 8	**9 + 9**	9 + 10
10	10 + 0	10 + 1	10 + 2	10 + 3	10 + 4	10 + 5	10 + 6	10 + 7	10 + 8	10 + 9	**10 + 10**

- Zwei Aufgaben – die eine in Blau, die andere in Grün – gehören immer zusammen. Das sind die **Aufgabe** und die **Tauschaufgabe,** zum Beispiel: 9 + 2 und 2 + 9.
- **Verdopplungsaufgaben,** zum Beispiel: 9 + 9
- **Aufgaben** mit dem **Ergebnis 10,** zum Beispiel: 9 + 1
- **Nullaufgaben,** zum Beispiel: 1 + 0

Schlag dazu auch auf den Seiten 48 und 49 nach.

Klasse

1 2

(Klasse 1:
Rechnen bis 20)

Einspluseins-Sätze nutzen

Je länger du dich mit der Einspluseins-Tafel beschäftigst, desto besser kannst du mit ihr arbeiten.

Tauschaufgaben

Schlag dazu auch auf Seite 45 nach.

Bei der Addition kannst du Summanden vertauschen. Die Summe bleibt dabei gleich. Zu jeder Aufgabe findest du hier immer eine Tauschaufgabe in der anderen Farbe. Beide Aufgaben haben stets das gleiche Ergebnis.

4 + 4	4 + 5	4 + 6
5 + 4	5 + 5	5 + 6
6 + 4	6 + 5	6 + 6

Die Maus hat einen Tipp für dich auf Seite 159.

5 + 4 = 4 + 5 = 9
6 + 4 = 4 + 6 = 10
6 + 5 = 5 + 6 = 11

Verdopplungen

Die Aufgaben, die du in der Diagonalen von links oben nach rechts unten in den orangefarbenen Kästchen siehst, sind Verdopplungsaufgaben. Hier wird die Zahl mit sich selbst addiert.

3 + 3	3 + 4	3 + 5
4 + 3	4 + 4	4 + 5
5 + 3	5 + 4	5 + 5

3 + 3 = 6
4 + 4 = 8
5 + 5 = 10

Zehner-Ergebnisse

Die Aufgaben in den grün hervorgehobenen Kästchen haben alle die Summe 10.

1 + 7	1 + 8	1 + 9
2 + 7	2 + 8	2 + 9
3 + 7	3 + 8	3 + 9

1 + 9 = 10

2 + 8 = 10

3 + 7 = 10

Nullaufgaben

Nullaufgaben sind besonders gut zu rechnen, weil hier mindestens einer der Summanden gleich Null ist. Alle Aufgaben in den blau hervorgehobenen Kästchen sind Nullaufgaben.

Schlag dazu auch auf Seite 25 nach.

0 + 0	0 + 1	0 + 2
1 + 0	1 + 1	1 + 2
2 + 0	2 + 1	2 + 2

0 + 0 = 0

0 + 1 = 1 1 + 0 = 1

0 + 2 = 2 2 + 0 = 2

Zehneraufgaben

Auch Zehneraufgaben kannst du schnell rechnen. Hier ist mindestens einer der Summanden gleich 10.

Die Zehneraufgaben stehen auf der letzten senkrechten Linie und auf der untersten waagerechten Linie.

8 + 8	8 + 9	8 + 10
9 + 8	9 + 9	9 + 10
10 + 8	10 + 9	10 + 10

10 + 10 = 20

10 + 9 = 19   9 + 10 = 19

10 + 8 = 18   8 + 10 = 18

Nachbaraufgaben

Eine Nachbaraufgabe entsteht, wenn bei der Aufgabe einer der Summanden um 1 vergrößert (+ 1) oder um 1 verkleinert (– 1) wird. Die Nachbaraufgaben stehen oben, unten, rechts und links um die Aufgabe herum.

3 + 3	3 + 4	3 + 5
4 + 3	4 + 4	4 + 5
5 + 3	5 + 4	5 + 5

Die Maus hat einen Tipp für dich auf Seite 158.

Aufgabe:
4 + 4 = 8

Nachbaraufgaben:
3 + 4 = 7   4 + 3 = 7
4 + 5 = 9   5 + 4 = 9

Zahlzerlegungen in der Diagonalen

Die Aufgaben, die auf einer Parallelen zur grünen Diagonale angeordnet sind, haben alle das gleiche Ergebnis.

1 + 5	1 + 6	1 + 7	1 + 8	1 + 9
2 + 5	2 + 6	2 + 7	2 + 8	2 + 9
3 + 5	3 + 6	3 + 7	3 + 8	3 + 9
4 + 5	4 + 6	4 + 7	4 + 8	4 + 9
5 + 5	5 + 6	5 + 7	5 + 8	5 + 9

$3 + 5 = 8$
$2 + 6 = 8$
$1 + 7 = 8$

$5 + 7 = 12$
$4 + 8 = 12$
$3 + 9 = 12$

Du erhältst hier immer die gleichen Ergebnisse. Das liegt daran, dass die Aufgaben immer **gegensinnig verändert** werden: Ein Summand wird um eine bestimmte Zahl erhöht und ein zweiter Summand um die gleiche Zahl verringert.

$7 + 5 = 12$

$$10 + 2 = 12$$
$$(7 + 3) + (5 - 3) = 12$$

Tipp

Eine Diagonale ist eine Linie, die zwei nicht benachbarte Ecken eines Vielecks verbindet. Eine Parallele ist eine Linie, die zu einer anderen Linie den gleichen Abstand hat.

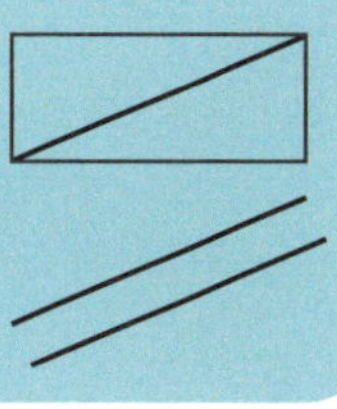

Klasse 2

In Schritten über den Zehner

Rechnungen, bei denen der Zehner überschritten wird, kommen dir vielleicht schwieriger vor als andere Aufgaben. Da hilft es, wenn du dir die Aufgabe bildlich vorstellst.

Schlag dazu auch auf Seite 56 nach.

Würfel, Stange, Platte

10 Einerwürfel kannst du in eine Zehnerstange tauschen. Du zerlegst also deine Zahl, die du addieren sollst, so, dass du zum **vollen Zehner** rechnen kannst.

$7 + 5 = \boxed{7 + 3} + 2 = \boxed{10} + 2 = 12$

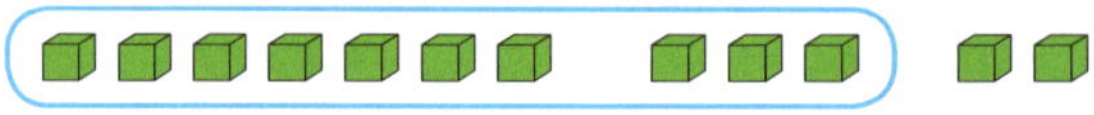

7 + 3 + 2 = 12

10 + 2 = 12

Auch bei größeren Zahlen funktioniert das. 10 Zehnerstangen kannst du in eine Hunderterplatte tauschen. Also zerlegst du deine Zahl so, dass du 10 Zehnerstangen erhältst, die du in eine Hunderterplatte tauschen kannst.

$70 + 50 = \boxed{70 + 30} + 20 = \boxed{100} + 20 = 120$

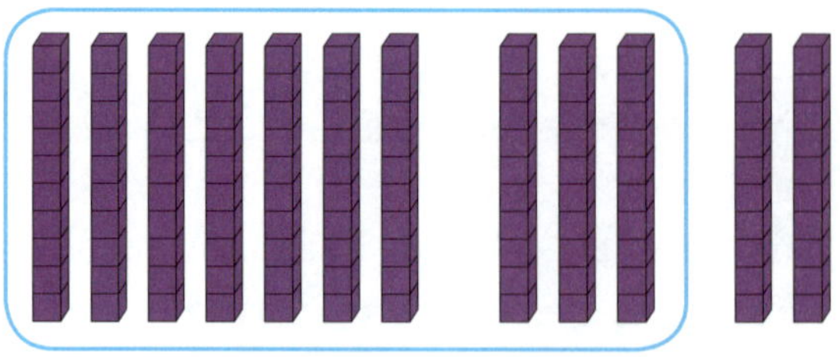

70 + 30 + 20 = 120

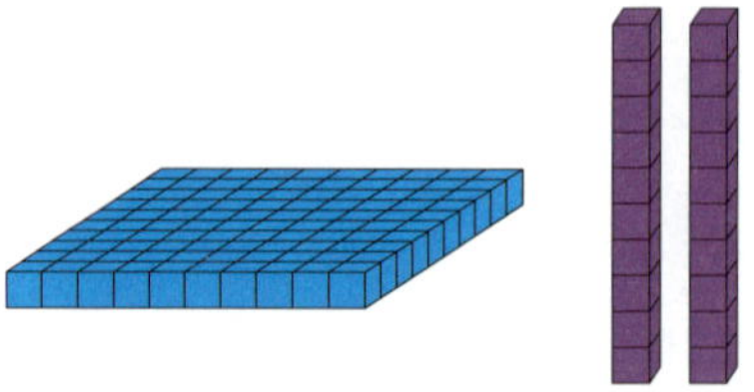

100 + 20 = 120

Rechenstrich

Bei Rechnungen mit Zehnerübergang kannst du zuerst einen vollen Zehner addieren und dann den Rest dazuzählen. Der Rechenstrich hilft dir beim Lösen.

$7 + 12 = \boxed{7 + 10} + 2 = \boxed{17} + 2 = 19$

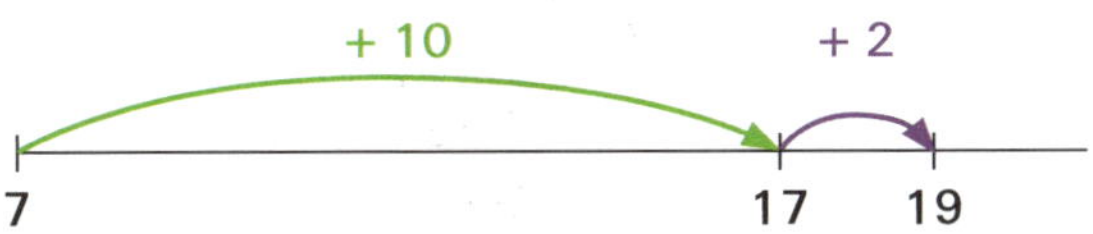

Du kannst auch zuerst einen vollen Zehner addieren und danach die Menge, die dabei zu viel war, wieder abziehen.

$7 + 9 = \boxed{7 + 10} - 1 = \boxed{17} - 1 = 16$

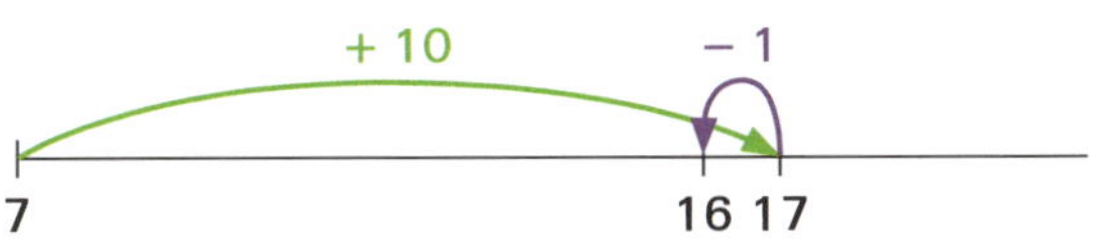

Tipp

Bei kleinen Zahlen kannst du auch einfach nur weiterzählen:

$7 + 5 = \square$

7, 8, 9, 10, 11, 12

+ 5

Klasse 3 4

Halbschriftliche Addition – schrittweise addieren

1. Lösungsweg

Du zerlegst den zweiten Summanden in Zehner und Einer. Danach addierst du zuerst die Zehner und dann die Einer.

$58 + 34 = \square$

$58 + 30 = 88$
$88 + 4 = 92$

$58 + 34 = 92$

Kurzform: $58 + 34 = 58 + 30 + 4 = 92$

2. Lösungsweg

Du kannst auch, wie im 1. Lösungsweg, den zweiten Summanden in Zehner und Einer zerlegen, aber zuerst die Einer und dann die Zehner addieren.

$58 + 34 = \square$

$58 + 4 = 62$
$62 + 30 = 92$

$58 + 34 = 92$

Kurzform: $58 + 34 = 58 + 4 + 30 = 92$

3. Lösungsweg

Es gibt noch die Möglichkeit, beide Summanden in Zehner und Einer zu zerlegen. Dann kannst du jeweils die Zehner und die Einer addieren.

$58 + 34 = \square$

$50 + 30 = 80$
$8 + 4 = 12$

$58 + 34 = 92$

Kurzform: $58 + 34 = 50 + 30 + 8 + 4 = 92$

Auch **große Zahlen** kannst du schrittweise addieren.

1. Lösungsweg

Du zerlegst den zweiten Summanden in seine Einzelteile (Hunderter, Zehner, Einer). Dann addierst du zuerst die Hunderter, dann die Zehner und zum Schluss die Einer.

558 + 334 = ☐

558 + 300 = 858
858 + 30 = 888
888 + 4 = 892
558 + 334 = 892

Kurzform: 558 + 334 = 558 + 300 + 30 + 4 = 892

2. Lösungsweg

Du zerlegst beide Summanden in ihre Hunderter, Zehner und Einer. Anschließend addierst du nacheinander jeweils die Hunderter, die Zehner und schließlich die Einer.

558 + 334 = ☐

500 + 300 = 800
50 + 30 = 80
8 + 4 = 12
558 + 334 = 892

Kurzform:
558 + 334 = 500 + 300 + 50 + 30 + 8 + 4 = 892

Tipp

Das klappt auch bei den Tausendern, Zehntausendern, Hunderttausendern und bei der Million!

Klasse 3 4

Schlag dazu auch auf Seite 52 nach.

Halbschriftliche Addition – Rechenstrategien

Mit **vollen Zehnern** lässt es sich oft besser rechnen.
Du kannst mehrere Möglichkeiten anwenden.

1. Lösungsweg

Rechne zuerst bis zum nächsten vollen Zehner, und addiere dann den Rest hinzu.

$58 + 34 = \square$ (Du zerlegst die Zahl 34 in 2 und 32.)

$58 + 2 = 60$
$60 + 32 = 92$
$58 + 34 = 92$

Kurzform: $58 + 34 = 58 + 2 + 32 = 92$

Du kannst beim Rechnen auch noch einen Zwischenschritt einschieben und zweimal bis zum vollen Zehner rechnen.

$58 + 34 = \square$ (Du zerlegst die Zahl 34 in 2, 30 und 2.)

$58 + 2 = 60$
$60 + 30 = 90$
$90 + 2 = 92$
$58 + 34 = 92$

Kurzform: $58 + 34 = 58 + 2 + 30 + 2 = 92$

Tipp

Schau dir deine Zahlen gut an, dann erkennst du, welche Strategie am besten zu deiner Aufgabe passt.

2. Lösungsweg

Wenn ein Summand knapp unter einem Zehner liegt, kannst du auch den vollen Zehner addieren. Anschließend ziehst du das, was du zu viel addiert hast, wieder ab.

Schlag dazu auch auf Seite 53 nach.

$58 + 34 = \square$

$60 + 34 = 94$ $(58 + 2 = 60)$
$94 - 2 = 92$
$58 + 34 = 92$

Kurzform: $34 + 58 = 34 + 60 - 2 = 92$

3. Lösungsweg

Manchmal bietet es sich auch an, beide Summanden auf ihre vollen Zehner zu bringen. Danach addiert man die fehlende Anzahl noch dazu oder subtrahiert das, was zu viel addiert wurde.

$58 + 34 = \square$

$60 + 30 = 90$ $(58 + 2 = 60)$
$(34 - 4 = 30)$
$90 + 4 = 94$
$94 - 2 = 92$
$58 + 34 = 92$

Kurzform: $58 + 34 = 60 + 30 + 4 - 2 = 92$

Manchmal addierst oder subtrahierst du Zahlen, um mit dem vollen Zehner rechnen zu können. Du darfst aber nicht vergessen, dies zum Schluss wieder auszugleichen, denn sonst stimmt deine Rechnung nicht.

Klasse 3 4

Schriftliche Addition ohne Zehnerüberschreitung

Bei der schriftlichen Addition werden die Summanden **stellengenau** untereinandergeschrieben. Man addiert immer zuerst die Einer und geht dann zur nächsthöheren Stelle.

343 + 235 = ☐

1. Zuerst schreibst du alle Summanden stellengenau untereinander und addierst die **Einer**.

Schreibweise:

	H	Z	E
	3	4	3
+	2	3	5
			8

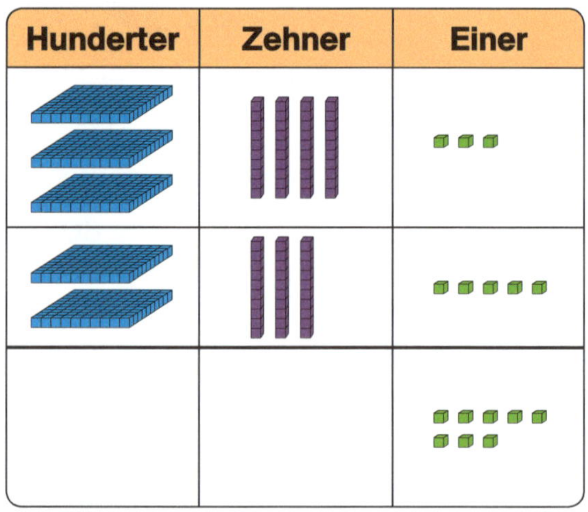

Sprechweise:
5 Einer plus
3 Einer gleich
8 Einer.
Schreib 8 Einer.

Tipp

Am besten ist es, wenn du von unten nach oben addierst. Hier rechnest du bei den Einern 5 plus 3 statt 3 plus 5.

2. Als Nächstes addierst du die **Zehner**.

Schreibweise:

	H	Z	E
	3	4	3
+	2	3	5
		7	8

Sprechweise:
3 Zehner plus
4 Zehner gleich
7 Zehner.
Schreib 7 Zehner.

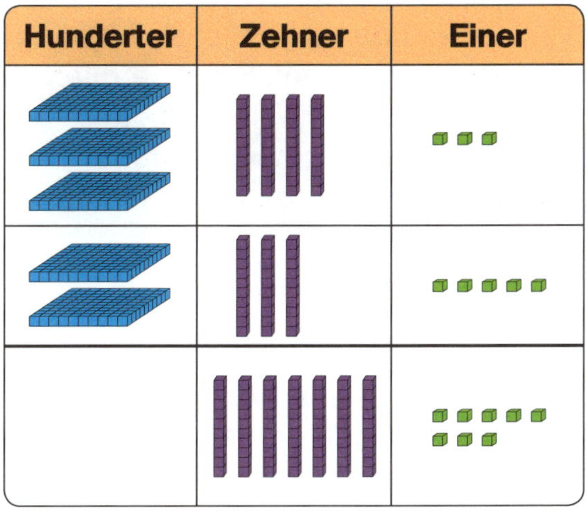

3. Nun addierst du die **Hunderter**.

Schreibweise:

	H	Z	E
	3	4	3
+	2	3	5
	5	7	8

Sprechweise:
2 Hunderter plus
3 Hunderter
gleich
5 Hunderter.
Schreib
5 Hunderter.

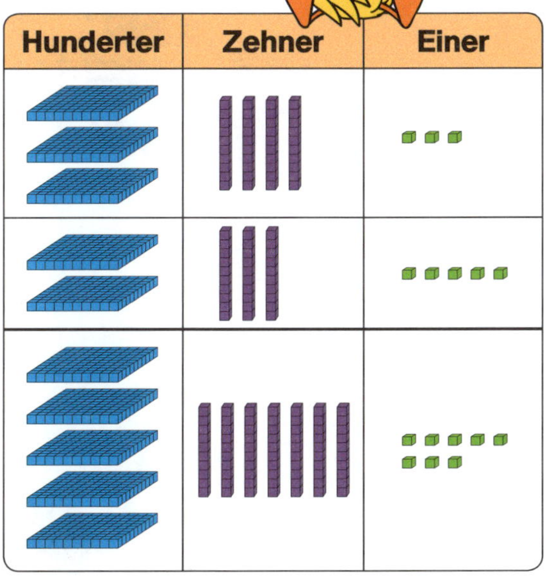

Klasse 3 4

Schriftliche Addition mit Zehnerüberschreitung

Wenn bei der schriftlichen Addition ein Ergebnis eines Stellenwertes gleich oder größer 10 ist, überträgt man den Zehner in die nächsthöhere Stelle. Man schreibt diesen Übertrag neben oder unter die nächste Ziffer. Der Übertrag wird bei der nächsten Stelle addiert.

353 + 259 = ☐

1. Du schreibst alle Summanden stellengerecht untereinander. Dann addierst du die **Einer** und achtest auf den Übertrag.

Schreibweise:

	H	Z	E
	3	5	3
+	2	5	9
		1	
			2

(Die Zahl 1 ist die Übertragszahl.)

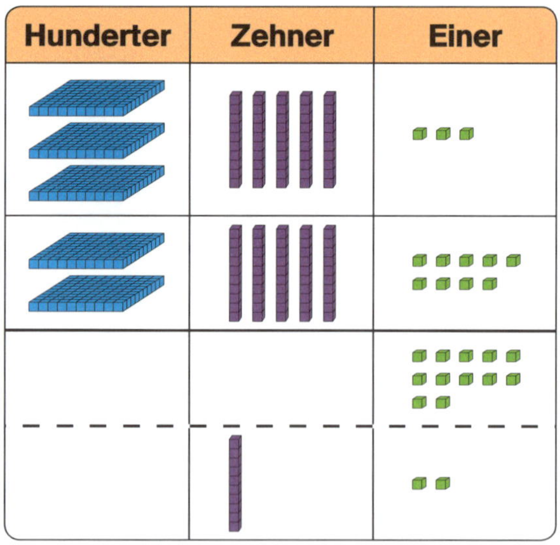

Sprechweise:
9 Einer plus
3 Einer gleich
12 Einer.
Schreib 2 Einer,
übertrag 1
in die Zehner.

2. Nun addierst du die **Zehner.** Achte auf den Übertrag!

Schreibweise:

	H	Z	E
	3	5	3
+	2	5	9
	1	1	
		1	2

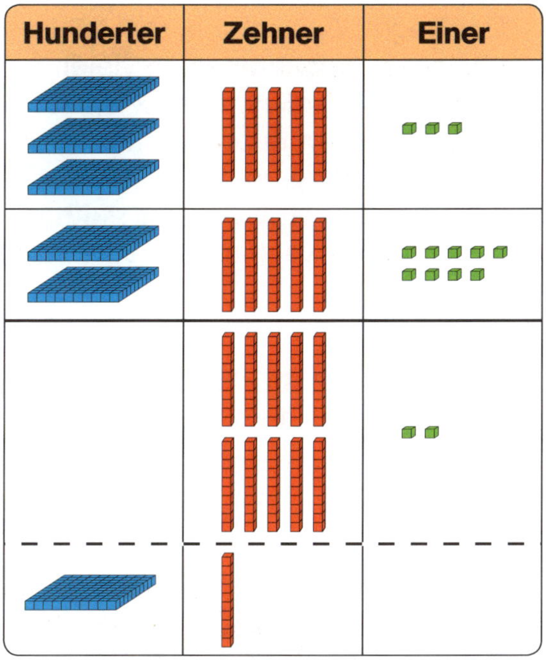

Sprechweise:
5 Zehner plus
5 Zehner plus
1 Zehner gleich
11 Zehner.
Schreib 1 Zehner,
übertrag 1 in
die Hunderter.

3. Nun addierst du die **Hunderter.** Achte auf den Übertrag!

Schreibweise:

	H	Z	E
	3	5	3
+	2	5	9
	1	1	
	6	1	2

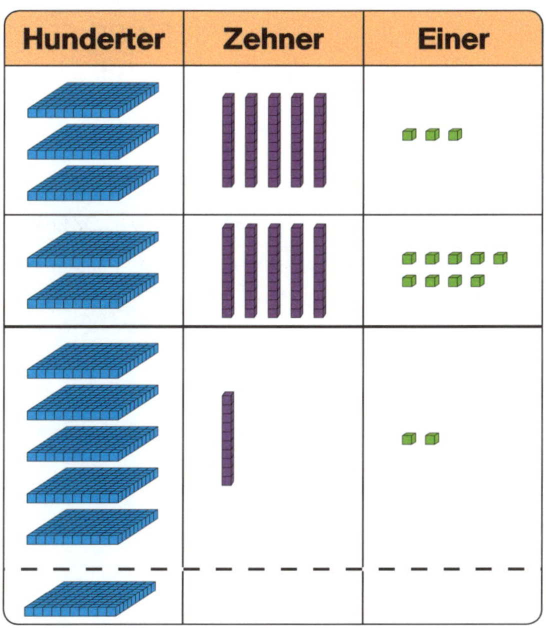

Sprechweise:
2 Hunderter plus
3 Hunderter plus
1 Hunderter gleich
6 Hunderter.
Schreib
6 Hunderter.

Klasse
1 2 3 4
(Klasse 1: Rechnen bis 20)

Was Subtraktion bedeutet

Der Begriff *Subtraktion* ist lateinisch und bedeutet **abziehen, wegnehmen.** In vielen Alltagssituationen begegnet uns dies, zum Beispiel beim Bezahlen mit Geld. Bei allen Subtraktionen verringert sich die Ausgangsmenge um die Anzahl der Dinge, die weggenommen werden. In der Mathematik drückt man das mit dem Rechenzeichen – (sprich: *minus*) aus.

Die Maus hat 12 Stücke Pizza. Wenn sie 1 Stück Pizza aufisst, sind noch 11 Stücke übrig.
$12 - 1 = 11$

Du hast 30 Euro in deinem Geldbeutel. Du kaufst dir ein Brettspiel und gibst dafür 20 Euro aus. Danach hast du noch 10 Euro im Geldbeutel.
$30 - 20 = 10$

Die Zahl, von der etwas abgezogen wird, nennt man Minuend. Die Zahl, die abgezogen wird, heißt Subtrahend. Das Ergebnis wird Differenz genannt.

	5	–	1	=	4
	Minuend		Subtrahend		Differenz
Du liest:	fünf	minus	eins	gleich	vier

Klasse 1 2 3 4

Regeln helfen beim Rechnen

Eine Subtraktion kannst du nur dann lösen, wenn der Minuend größer als der Subtrahend ist.

$9 - 3 = \square$

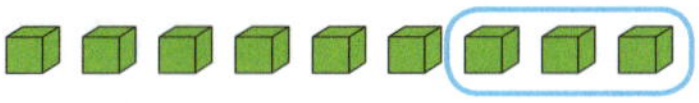

Diese Aufgabe ist lösbar, denn von 9 Würfeln kannst du 3 wegnehmen. Übrig bleiben 6 Würfel.

$3 - 9 = \square$

Diese Aufgabe ist nicht lösbar, denn von 3 Würfeln kannst du keine 9 Würfel wegnehmen.

Bei einer Subtraktion darfst du die Zahlen nicht vertauschen und auch nicht beliebig zusammenfassen. Du erhältst nämlich nicht das gleiche Ergebnis.

$39 - (18 - 5) = 39 - 13 = 26$
$(39 - 18) - 5) = 21 - 5 = 16$

Möchtest du dennoch Zahlen vertauschen, weil es sich damit besser rechnen lässt? Dann musst du Folgendes beachten:

Du darfst die **Subtrahenden** jeweils **nur vom Minuenden** abziehen. Wenn du einen Subtrahenden von einem anderen Subtrahenden abziehst, wird das Ergebnis falsch.

$39 - 18 - 5 - 4 - 3 = \square$

$39 - 18 - 5 - 4 - 3 = 9$

Hier zieht man die Subtrahenden vom Minuenden ab.

Aber nicht:
$39 - (18 - 5 - 4 - 3) = 39 - 6 = 33$

Hier wurden die Subtrahenden voneinander abgezogen. Deshalb stimmt die Differenz nicht.

Es ist auch möglich, alle Subtrahenden zu addieren und dann gesammelt vom Minuenden abzuziehen.

39 – 18 – 5 – 4 – 3 = □

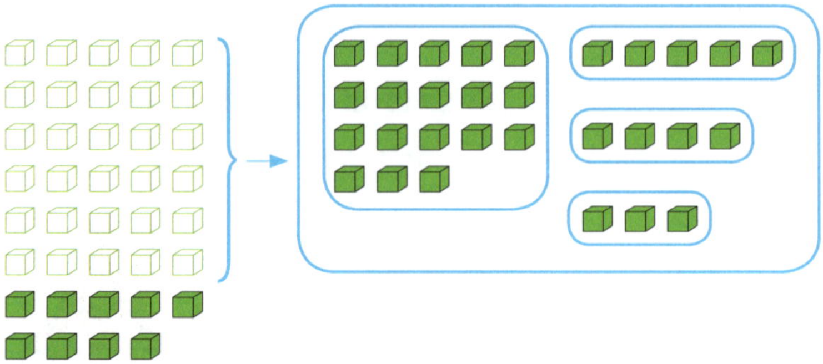

Du ziehst von 39 Würfeln zuerst 18, dann 5, dann 4 und schließlich 3 Würfel ab. Die Summe von 18, 5, 4 und 3 ergibt 30. Du ziehst von 39 Würfeln also 30 Würfel ab.

39 – (18 + 5 + 4 + 3) = 39 – 30 = 9

Die Rechenaufgaben, die in einer Klammer stehen, werden immer zuerst gerechnet.

Vom großen Minuenden subtrahier den Subtrahenden. Die Differenz erhalten wir.

Umkehraufgaben nutzen

Klasse

1 2 3 4

(Klasse 1: Rechnen bis 20)

Schlag dazu auch auf den Seiten 46 und 77 nach.

Bei einer Subtraktion schleichen sich manchmal Rechenfehler ein. Deshalb ist es immer wichtig, Umkehraufgaben als Probe zu nutzen.

Die Addition ist die Umkehraufgabe der Subtraktion.

Aufgabe: $41 - 7 = 34$

Umkehraufgabe: $34 + 7 = 41$

Die Probe hat ergeben, dass die Rechnung stimmt.

Wird der **Minuend** gesucht, eignen sich Umkehraufgaben, um Platzhalteraufgaben zu rechnen.

Aufgabe: $\square - 12 = 46$

Umkehraufgabe: $46 + 12 = 58$

Ergebnis: $58 - 12 = 46$

Wird aber der **Subtrahend** gesucht, kommst du auf diese Weise nicht zur Lösung! In diesem Fall ziehst du die Differenz vom Minuenden ab. Dann erhältst du den gesuchten Subtrahenden.

Aufgabe: $58 - \square = 46$

Minuend – Differenz: $58 - 46 = 12$

Ergebnis: $58 - 12 = 46$

Klasse
1

Schlag dazu auch auf Seite 70 nach.

In Schritten über den Zehner

Bei manchen Subtraktionen ergibt sich ein Zehnerübergang. Das bedeutet, dass nicht nur die Einer, sondern auch die Zehner verändert werden müssen. Stell dir die Aufgabe bildlich vor.

Rechenrahmen

Wenn du dir am Rechenrahmen eine Aufgabe der Subtraktion verbildlichst, bedeutet ein Zehnerübergang, dass du in die vorhergehende Reihe zurückgehst.

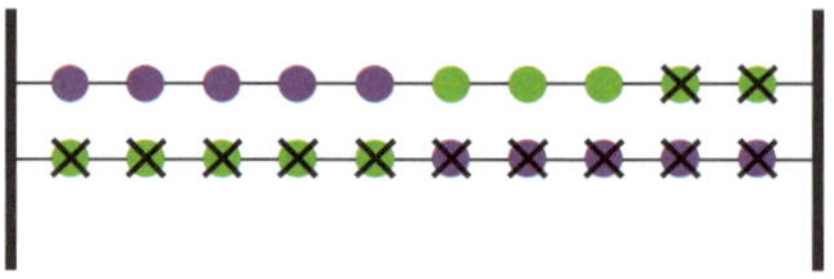

20 – 12 = 8

Die Maus hat einen Tipp für dich auf Seite 161.

Einerwürfel, Zehnerstange

Eine Zehnerstange kannst du in 10 Einerwürfel tauschen. Wenn du deine Zahl, die du subtrahieren sollst, so zerlegst, dass du zum vollen Zehner rechnen kannst, fällt dir der Zehnerübergang leichter.

18 – 9 = ☐

(18 – 8) – 1 = 10 – 1 = 9

1. Teil der Rechnung: 18 – 8 = 10

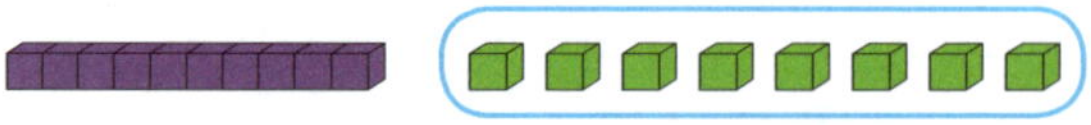

Du nimmst zuerst die 8 Einerwürfel weg. Um weiterhin Einer wegnehmen zu können, musst du die Zehnerstange in 10 Einerwürfel tauschen.

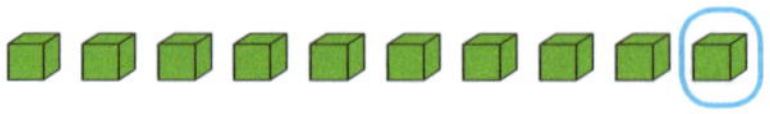

2. Teil der Rechnung: 10 – 1 = 9

Rechenstrich

Bei Subtraktionen mit Zehnerübergang kannst du zuerst bis zum vollen Zehner subtrahieren und dann den Rest abziehen. Der Rechenstrich hilft dir beim Lösen.

$18 - 12 = (18 - 8) - 4 = 10 - 4 = 6$

Das geht auch umgekehrt. Dann ziehst du zuerst den vollen Zehner ab und subtrahierst anschließend den Rest.

$18 - 12 = (18 - 10) - 2 = 8 - 2 = 6$

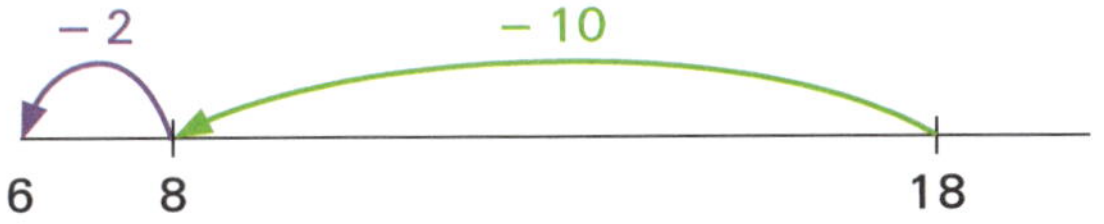

Tipp

Bei einer Subtraktionsaufgabe mit kleinen Zahlen, die über den Zehner geht, kannst du auch einfach rückwärts zählen!

$11 - 5 = \square$

11, 10, 9, 8, 7, 6

–5

Klasse 3 4

Halbschriftliche Subtraktion – schrittweise subtrahieren

1. Lösungsweg

Du zerlegst den Subtrahenden in Zehner und Einer. Subtrahier zuerst die Zehner und dann die Einer.

$85 - 37 = \square$

$85 - 30 = 55$
$55 - 7 = 48$

$85 - 37 = 48$

Kurzform: $85 - 37 = 85 - 30 - 7 = 48$

2. Lösungsweg

Zerleg auch hier den Subtrahenden in Zehner und Einer. Nun subtrahierst du aber zuerst die Einer und dann die Zehner.

$85 - 37 = \square$

$85 - 7 = 78$
$78 - 30 = 48$

$85 - 37 = 48$

Kurzform: $85 - 37 = 85 - 7 - 30 = 48$

Schlag dazu auch auf Seite 54 nach.

Von der halbschriftlichen Addition kennst du die Möglichkeit, alle Zahlen in Zehner und Einer zu zerlegen und dann nacheinander die Einer und die Zehner zu rechnen. Bei der Subtraktion kannst du die Möglichkeit nur selten anwenden. Die Aufgabe ist nicht lösbar, wenn die Einerstelle des Minuenden kleiner ist als die Einerstelle des Subtrahenden.

$85 - 37 = \square$

$80 - 30 = 50$
$5 - 7 =$ nicht lösbar!

Auch **große Zahlen** kannst du schrittweise subtrahieren.

Je nachdem, wie viele Stellen deine Zahlen haben, zerlegst du den Subtrahenden in Tausender, Hunderter, Zehner und Einer. Danach subtrahierst du zuerst die Tausender, dann die Hunderter, die Zehner und zum Schluss die Einer.

885 − 337 = □

885 − 300 = 585
585 − 30 = 555
555 − 7 = 548

885 − 337 = 548

Kurzform: 885 − 337 = 885 − 300 − 30 − 7 = 548

8 885 − 3 337 = □

8 885 − 3 000 = 5 885
5 885 − 300 = 5 585
5 585 − 30 = 5 555
5 555 − 7 = 5 548

8 885 − 3 337 = 5 548

Kurzform:
8 885 − 3 337 = 8 885 − 3 000 − 300 − 30 − 7 = 5 548

Tipp

Keine Angst vor großen Zahlen! Rechne öfters mit ihnen, dann merkst du, dass das gar nicht schwer ist!

Klasse 3 4

Halbschriftliche Subtraktion – Rechenstrategien

Mit **vollen Zehnern** lässt es sich oft besser rechnen.
Du kannst verschiedene Möglichkeiten anwenden.

Schlag dazu auch auf Seite 66 nach.

1. Lösungsweg

Deinen Subtrahenden zerlegst du in zwei Zahlen, und zwar so, dass du mit der ersten Zahl zuerst bis zum nächsten vollen Zehner subtrahieren kannst. Danach rechnest du mit der zweiten Zahl weiter.

$85 - 37 = \square$ (Du zerlegst die Zahl 37 in 5 und 32.)

$85 - 5 = 80$
$80 - 32 = 48$
$85 - 37 = 48$

Kurzform: $85 - 37 = 85 - 5 - 32 = 48$

Tipp

Mit dieser Rechenstrategie kannst du beim Kopfrechnen auch große Zahlen schnell und sicher subtrahieren!

Du kannst aber auch noch einen Zwischenschritt einfügen und den Subtrahenden in 3 Teile zerlegen. So rechnest du zweimal bis zum vollen Zehner.

$85 - 37 = \square$ (Du zerlegst die Zahl 37 in 5, 30 und 2.)

$85 - 5 = 80$
$80 - 30 = 50$
$50 - 2 = 48$
$85 - 37 = 48$

Kurzform: $85 - 37 = 85 - 5 - 30 - 2 = 48$

2. Lösungsweg

Schlag dazu auch auf Seite 67 nach.

Wenn eine Zahl knapp unter oder über einem Zehner liegt, rechnest du am besten mit den vollen Zehnern. Vergiss nicht, dies zum Schluss wieder auszugleichen.

Hier wird der **Minuend** auf den vollen Zehner gebracht:

$85 - 37 = \square$

$90 - 37 = 53$ $(85 + 5 = 90)$

$53 - 5 = 48$

$85 - 37 = 48$

Kurzform: $85 - 37 = 90 - 37 - 5 = 48$

Hier wird der **Subtrahend** auf den vollen Zehner gebracht:

$85 - 37 = \square$

$85 - 40 = 45$ $(37 + 3 = 40)$

$45 + 3 = 48$ (Du hast oben 3 zu viel subtrahiert, diese Menge

$85 - 37 = 48$ musst du wieder addieren.)

Kurzform: $85 - 37 = 85 - 40 + 3 = 48$

3. Lösungsweg

Bei dem Ergänzungsverfahren bildest du die Umkehraufgabe und rechnest aus, wie viel dir zu deiner Lösung noch fehlt.

Aufgabe: $85 - 37 = \square$

Umkehraufgabe: $37 + \square = 85$

$37 + 3 = 40$ (Ergänz zum vollen Zehner.)

$40 + 40 = 80$ (Wie viel fehlt bei den Zehnern?)

$80 + 5 = 85$ (Wie viel fehlt bei den Einern?)

$37 + 48 = 85$

Kurzform: $85 - 37 = 48$

Klasse 3 4

Schriftliche Subtraktion ohne Zehnerüberschreitung

Bei der schriftlichen Subtraktion schreibst du die Zahlen **stellengenau** untereinander. Du rechnest zuerst die Einer und gehst dann zur nächsthöheren Stelle.

Schlag dazu auch auf Seite 62 nach.

Ergänzungsverfahren

Beim Ergänzungsverfahren ziehst du nichts ab, sondern rechnest aus, wie viel von der unteren zur oberen Zahl fehlt. Du ergänzt das, was dem Subtrahenden fehlt, um so groß zu sein wie der Minuend.

597 – 354 = ☐

1. Zuerst schreibst du den Minuenden und den Subtrahenden stellengerecht untereinander. Dann subtrahierst du die **Einer**, indem du sie ergänzt.

Schreibweise:

	H	Z	E
	5	9	7
–	3	5	4
			3

Sprechweise:
4 Einer plus
3 Einer gleich
7 Einer.
Schreib 3 Einer.

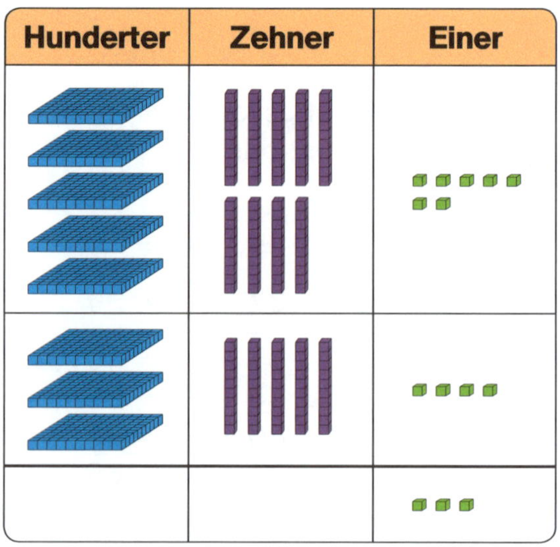

2. Nun subtrahierst du die **Zehner,** indem du sie ergänzt.

Schreibweise:

	H	Z	E
	5	9	7
−	3	5	4
		4	3

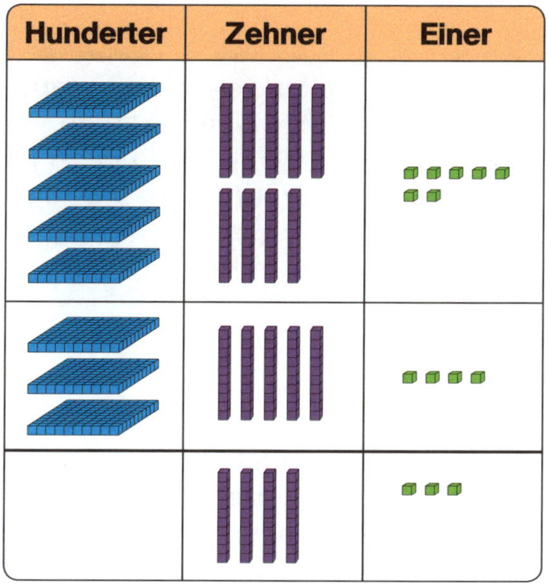

Sprechweise:
5 Zehner plus
4 Zehner gleich
9 Zehner.
Schreib 4 Zehner.

3. Nun subtrahierst du die **Hunderter,** indem du sie ergänzt.

Schreibweise:

	H	Z	E
	5	9	7
−	3	5	4
	2	4	3

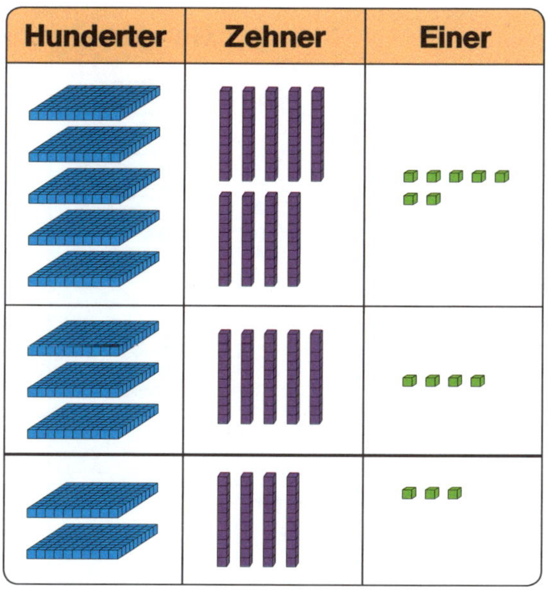

Sprechweise:
3 Hunderter plus
2 Hunderter
gleich
5 Hunderter.
Schreib
2 Hunderter.

Klasse 3 4

Schriftliche Subtraktion mit Zehnerüberschreitung

Ergänzungsverfahren

Wenn der Stellenwert des Minuenden kleiner ist als der des Subtrahenden, dann tauschst du eine Einheit der nächsten Stelle in 10 kleinere Einheiten. Du machst einen **Übertrag** und schreibst ihn an die entsprechende Stelle. Bei der nächsten Stelle addierst du diesen Übertrag zur unteren Ziffer.

523 – 245 = ☐

1. Du schreibst den Minuenden und den Subtrahenden stellengerecht untereinander. Dann rechnest du die **Einer** und wechselst dabei einen Zehner in 10 Einer. Achte auf den **Übertrag.**

Schreibweise:

	H	Z	E
	5	2	3
–	2	4	5
		1	
			8

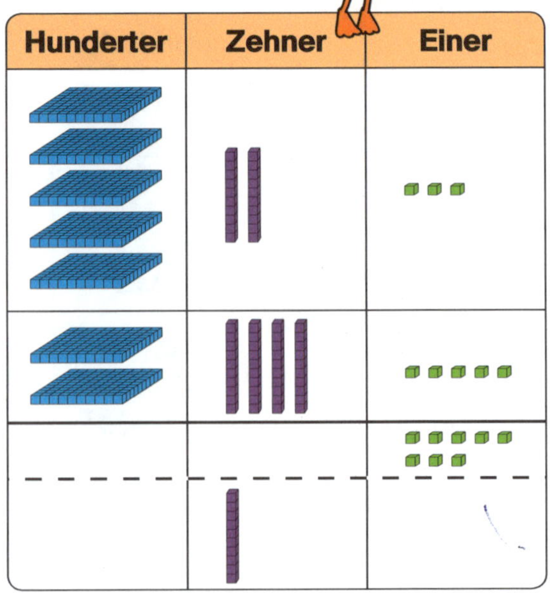

(Die Zahl 1 ist die Übertragszahl.)

Sprechweise:

5 Einer plus ☐ gleich 3 Einer.

(Das ist nicht zu lösen! Du musst 1 Zehner in 10 Einer tauschen:)

5 Einer plus 8 Einer gleich 13 Einer.
Schreib 8 Einer, übertrag 1 in die Zehner.

2. Rechne nun die **Zehner.** Vergiss den **Übertrag** nicht.

Schreibweise:

	H	Z	E
	5	2	3
–	2	4	5
	1	1	
		7	8

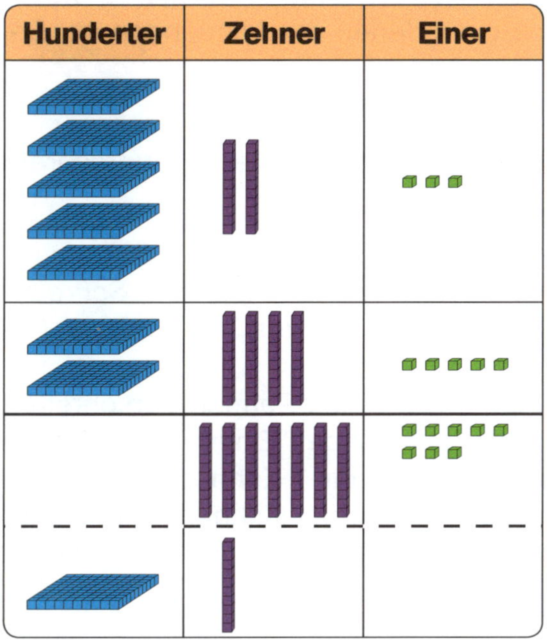

Sprechweise:
4 Zehner plus
1 Zehner plus ☐
gleich 2 Zehner.

(Das ist nicht zu lösen.
Du musst 1 Hunderter
in 10 Zehner tauschen:)
4 Zehner plus
1 Zehner plus
7 Zehner gleich
12 Zehner. Schreib 7 Zehner, übertrag 1 in die Hunderter.

3. Nun rechnest du die **Hunderter.**

Schreibweise:

	H	Z	E
	5	2	3
–	2	4	5
	1	1	
	2	7	8

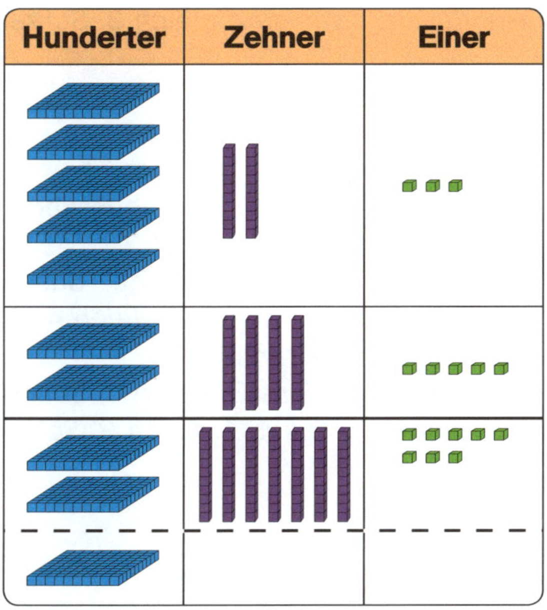

Sprechweise:
2 Hunderter plus
1 Hunderter plus
2 Hunderter
gleich
5 Hunderter.
Schreib
2 Hunderter.

Klasse 3 4

Schriftliche Subtraktion mit Zehnerüberschreitung

Beim Abziehverfahren ziehst du die Ziffern des Subtrahenden von denen des Minuenden ab. Beginn bei den Einern.

Abziehverfahren

Schreibweise ohne Zehnerüberschreitung:

	H	Z	E
	5	9	7
–	3	5	4
	2	4	3

Sprechweise:
- Einer: *7 minus 4 gleich 3. Schreib 3.*
- Zehner: *9 minus 5 gleich 4. Schreib 4.*
- Hunderter: *5 minus 3 gleich 2. Schreib 2.*

Schreibweise mit Zehnerüberschreitung:
Du kannst bei den Einern nicht *3 minus 5* rechnen. Hol dir 1 Zehner und wechsle ihn in 10 Einer. In der Zehnerspalte ziehst du diesen Zehner wieder ab. Notier die neue Zehnerzahl.

	H	Z	E
	5	$\overset{7}{\not{8}}$	3
–	2	4	5
	3	3	8

Sprechweise:
- Einer: *3 minus 5* geht nicht. Tausch 1 Zehner in 10 Einer: *13 minus 5 gleich 8. Schreib 8, und notier die neue Zehnerzahl 7.*
- Zehner: *7 minus 4 gleich 3. Schreib 3.*
- Hunderter: *5 minus 2 gleich 3. Schreib 3.*

	T	H	Z	E
	4	$\overset{6}{\not{7}}$	$\overset{2}{\not{3}}$	5
–	1	3	8	7
	3	3	4	8

Sprechweise:
- Einer: *5 minus 7* geht nicht. Tausch 1 Zehner in 10 Einer: *15 minus 7 gleich 8. Schreib 8, und notier die neue Zehnerzahl 2.*
- Zehner: *2 minus 8* geht nicht. Tausch 1 Hunderter in 10 Zehner: *12 minus 8 gleich 4. Schreib 4, und notier die neue Hunderterzahl 6.*
- Hunderter: *6 minus 3 gleich 3. Schreib 3.*
- Tausender: *4 minus 1 gleich 3. Schreib 3.*

Plusprobe

Das Ergebnis einer schriftlichen Subtraktion kannst du mit der **Umkehraufgabe** überprüfen. Man nennt das auch die Plusprobe.

Schlag dazu auch auf Seite 65 nach.

Aufgabe: $583 - 245 = 338$
Umkehraufgabe: $338 + 245 = 583$

Runden

Das Runden hilft dir, um schon vorher grob die Differenz ausrechnen zu können.

Schlag dazu auch auf Seite 100 nach.

Aufgabe: $527 - 214 = \square$

Du rundest 527 auf 530 auf, 214 rundest du auf 210 ab. Die Aufgabe, die nun entsteht, kannst du im Kopf rechnen.

Gerundet: $530 - 210 = 320$

Exakte Rechnung:

	5	2	7
−	2	1	4
	3	1	3

Tipp

Wenn du das Ergebnis einer Subtraktion immer nochmals überprüfst, kann gar nichts mehr schiefgehen!

Klasse 2 3 4

Was Multiplikation bedeutet

Der Begriff *Multiplikation* kommt aus dem Lateinischen und bedeutet **vervielfachen** oder **malnehmen.** Du kannst jede Zahl mit sich selbst oder einer anderen Zahl vervielfachen.

In der Mathematik wird die Multiplikation mit dem Rechenzeichen • ausgedrückt, sprich: *mal.*

Die Zahlen, die miteinander multipliziert werden, heißen **Faktoren.** Das **Ergebnis** wird **Produkt** genannt. Ein Produkt kann aus zwei oder mehreren Faktoren bestehen.

2	·	2	=	4
Faktor		Faktor		Produkt

Du liest: zwei mal zwei gleich vier

Statt gleiche Summanden mehrfach zu addieren, kannst du die Anzahl der Summanden zählen und in einer kürzeren Multiplikationsaufgabe zusammenfassen.

$3 + 3 + 3 + 3 + 3 + 3 = 18$ oder $6 \cdot 3 = 18$

Vervielfachst du eine Zahl mit 2, nennt man dies auch **verdoppeln.**

$3 + 3 = 6$ oder $2 \cdot 3 = 6$

Du willst wissen, aus wie vielen Stücken eine Tafel Schokolade besteht. Die Tafel hat 5 Riegel. Jeder Riegel besteht aus 4 Stücken.

Du rechnest aus, wie viele Stücke es insgesamt sind, indem du so oft addierst, wie Riegel vorhanden sind.

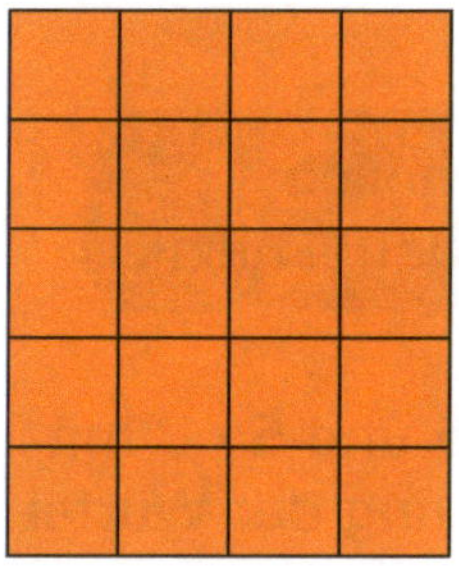

Additionsaufgabe:
$4 + 4 + 4 + 4 + 4 = 20$

Multiplikationsaufgabe:
$5 \cdot 4 = 20$

Ergebnis: Die Tafel Schokolade besteht aus 20 einzelnen Stücken. Du siehst, dass die Aufgabe viel kürzer wird, wenn du multiplizierst.

Du willst ausrechnen, wie viel Taschengeld du in 6 Monaten erhältst. In einem Monat bekommst du 5 €.

Additionsaufgabe:
5 € + 5 € + 5 € + 5 € + 5 € + 5 € = 30 €

Multiplikationsaufgabe:
$6 \cdot 5$ € = 30 €

Ergebnis: Du erhältst in 6 Monaten 30 € Taschengeld.

Klasse 2 3 4

Die Maus hat einen Tipp für dich auf Seite 163.

Regeln helfen beim Rechnen

Bei der Multiplikation gibt es drei Rechengesetze, die du kennen musst:

Vertauschungsgesetz (Kommutativgesetz)

Faktoren in Multiplikationsaufgaben lassen sich vertauschen. Das Produkt verändert sich dabei nicht.

Zeichne dir die Multiplikationsaufgaben $3 \cdot 5$ und $5 \cdot 3$ mit Würfeln auf. Du siehst, dass sich die Anordnung der Würfel verändert. Die Anzahl der Würfel bleibt aber gleich.

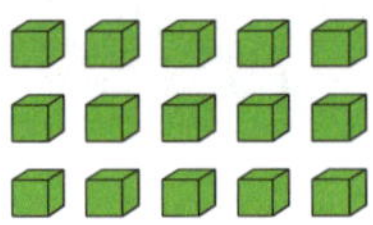

$3 \cdot 5 = 15$

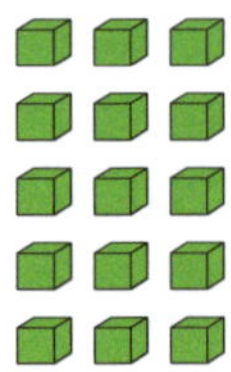

$5 \cdot 3 = 15$

Du kannst die Faktoren beliebig vertauschen, das Ergebnis bleibt immer gleich.

Aufgaben, in denen die Faktoren vertauscht werden, nennt man **Tauschaufgaben.**

Aufgabe: $3 \cdot 5 = 15$
Tauschaufgabe: $5 \cdot 3 = 15$

Zusammenfassungsgesetz (Assoziativgesetz)

Besteht eine Multiplikationsaufgabe aus mehr als zwei Faktoren, kannst du dir das Rechnen erleichtern, indem du Faktoren sinnvoll zusammenfasst.

Die Aufgabe $3 \cdot 4 \cdot 2$ besteht aus drei Faktoren. Zuerst fasst du zwei Faktoren in einer Klammer zusammen. Lös erst die Multiplikationsaufgabe in der Klammer. Multiplizier danach das Ergebnis mit dem dritten Faktor.

$3 \cdot 4 \cdot 2 = 3 \cdot (4 \cdot 2) = 3 \cdot 8 = 24$ oder:
$3 \cdot 4 \cdot 2 = (3 \cdot 4) \cdot 2 = 12 \cdot 2 = 24$

Du kannst das Vertauschungs- und das Zusammenfassungsgesetz auch nacheinander in einer Aufgabe anwenden.

Aufgabe:	$2 \cdot 9 \cdot 5 = \square$
vertauschen:	$2 \cdot 5 \cdot 9 = \square$
zusammenfassen:	$(2 \cdot 5) \cdot 9 = \square$
multiplizieren:	$10 \cdot 9 = 90$
Ergebnis:	$2 \cdot 9 \cdot 5 = 90$

Damit lassen sich auch Aufgaben mit mehreren Faktoren leichter lösen.

Aufgabe:	$3 \cdot 4 \cdot 2 \cdot 3 = \square$
vertauschen:	$3 \cdot 3 \cdot 4 \cdot 2 = \square$
zusammenfassen:	$(3 \cdot 3) \cdot (4 \cdot 2) = \square$
multiplizieren:	$9 \cdot 8 = 72$
Ergebnis:	$3 \cdot 4 \cdot 2 \cdot 3 = 72$

Zerlegungsgesetz (Distributivgesetz)

Faktoren lassen sich zerlegen, und der Wert des Produktes bleibt dabei gleich. Das Zerlegungsgesetz kann dir helfen, Aufgaben schneller auszurechnen.

Aufgabe: $3 \cdot 4 = \square$

zerlegen: $4 = 3 + 1$

Beide Zahlen der Plusaufgabe müssen mit dem Faktor 3 multipliziert werden.

multiplizieren: $3 \cdot 3 + 3 \cdot 1 = \square$

Ergebnis: $9 + 3 = 12$

Wenn in einer Aufgabe alle 4 Rechenzeichen +, –, · und : vorkommen, musst du zuerst multiplizieren oder dividieren, danach darfst du addieren oder subtrahieren. Merk dir: **Punktrechnung kommt vor Strichrechnung.**

Verdoppeln von Faktoren

Die Maus hat einen Tipp für dich auf Seite 163.

Verdoppelst du einen Faktor in einer bekannten Malaufgabe, verdoppelt sich auch das Ergebnis.

Aufgabe: $4 \cdot 3 = \square$

(bekannt: $2 \cdot 3 = 6$)

verdoppeln: $2 \cdot 2 \cdot 3 = 2 \cdot 6$

Ergebnis: $4 \cdot 3 = 12$

Aufgabe: $8 \cdot 3 = \square$

(bekannt: $4 \cdot 3 = 12$)

verdoppeln: $2 \cdot 4 \cdot 3 = 2 \cdot 12$

Ergebnis: $8 \cdot 3 = 24$

Klasse 2 3 4

Umkehraufgaben nutzen

Zu jeder Multiplikationsaufgabe findest du eine passende Divisionsaufgabe. Diese Aufgabe wird Umkehraufgabe genannt. Nutz die Umkehraufgabe als Probe, um das Ergebnis einer Multiplikationsaufgabe zu überprüfen.

Aufgabe: $5 \cdot 6 = 30$

Umkehraufgabe: $30 : 6 = 5$

Was passiert, wenn du die Faktoren vertauschst?

Aufgabe: $6 \cdot 5 = 30$

Umkehraufgabe: $30 : 5 = 6$

Die Probe durch die Umkehraufgabe hat ergeben, dass die Rechnung stimmt.

Auch beim Lösen von **Platzhalteraufgaben** können dir die Umkehraufgaben helfen.

Aufgabe: $2 \cdot \square = 16$

Umkehraufgabe: $16 : 2 = 8$

Ergebnis: $2 \cdot 8 = 16$

Klasse 2 3 4

Die Maus hat einen Tipp für dich auf Seite 162.

Die Einmaleins-Tafel

Alle Multiplikationsaufgaben im Zahlenraum bis 100 nennt man Aufgaben des kleinen Einmaleins. In der Tafel hast du alle Einmaleinsreihen im Überblick.

·	0	1	2	3	4	5	6	7	8	9	10
0	0 · 0	0 · 1	0 · 2	0 · 3	0 · 4	0 · 5	0 · 6	0 · 7	0 · 8	0 · 9	0 · 10
1	1 · 0	1 · 1	1 · 2	1 · 3	1 · 4	1 · 5	1 · 6	1 · 7	1 · 8	1 · 9	1 · 10
2	2 · 0	2 · 1	2 · 2	2 · 3	2 · 4	2 · 5	2 · 6	2 · 7	2 · 8	2 · 9	2 · 10
3	3 · 0	3 · 1	3 · 2	3 · 3	3 · 4	3 · 5	3 · 6	3 · 7	3 · 8	3 · 9	3 · 10
4	4 · 0	4 · 1	4 · 2	4 · 3	4 · 4	4 · 5	4 · 6	4 · 7	4 · 8	4 · 9	4 · 10
5	5 · 0	5 · 1	5 · 2	5 · 3	5 · 4	5 · 5	5 · 6	5 · 7	5 · 8	5 · 9	5 · 10
6	6 · 0	6 · 1	6 · 2	6 · 3	6 · 4	6 · 5	6 · 6	6 · 7	6 · 8	6 · 9	6 · 10
7	7 · 0	7 · 1	7 · 2	7 · 3	7 · 4	7 · 5	7 · 6	7 · 7	7 · 8	7 · 9	7 · 10
8	8 · 0	8 · 1	8 · 2	8 · 3	8 · 4	8 · 5	8 · 6	8 · 7	8 · 8	8 · 9	8 · 10
9	9 · 0	9 · 1	9 · 2	9 · 3	9 · 4	9 · 5	9 · 6	9 · 7	9 · 8	9 · 9	9 · 10
10	10 · 0	10 · 1	10 · 2	10 · 3	10 · 4	10 · 5	10 · 6	10 · 7	10 · 8	10 · 9	10 · 10

- Quadrataufgaben, zum Beispiel 3 · 3
- Kernaufgaben, zum Beispiel 1 · 4 2 · 4 5 · 4 10 · 4
- Nullaufgaben, zum Beispiel 4 · 0 0 · 4

Multiplizierst du eine Zahl mit sich selbst, dann rechnest du eine Quadrataufgabe. Ist in einer Aufgabe ein Faktor 1, 2, 5 oder 10 enthalten, spricht man von Kernaufgaben.

Stellst du eine Quadrataufgabe mit einzelnen Würfeln dar, erhältst du immer ein Quadrat.

2 · 2 = 4

3 · 3 = 9

Kernaufgaben gibt es in jeder Einmaleinsreihe, schau dir zum Beispiel die Sechserreihe an:

$1 \cdot 6 = 6 \qquad 2 \cdot 6 = 12 \qquad 5 \cdot 6 = 30 \qquad 10 \cdot 6 = 60$

Die Maus hat einen Tipp für dich auf den Seiten 163 und 164.

Du kannst die anderen Aufgaben der Sechserreihe lösen, indem du Kernaufgaben aufstellst.

$3 \cdot 6 = 1 \cdot 6 + 2 \cdot 6$

$4 \cdot 6 = 2 \cdot 6 + 2 \cdot 6$

$6 \cdot 6 = 1 \cdot 6 + 5 \cdot 6$

$7 \cdot 6 = 2 \cdot 6 + 5 \cdot 6$

$8 \cdot 6 = 1 \cdot 6 + 2 \cdot 6 + 5 \cdot 6$ oder
$10 \cdot 6 - 2 \cdot 6$

$9 \cdot 6 = 10 \cdot 6 - 1 \cdot 6$

Nullaufgaben sind gut zu rechnen. Ist ein Faktor gleich null, dann ist das Ergebnis immer gleich null.

$6 \cdot 0 = 0$
$100 \cdot 0 = 0$

Multiplizierst du eine Zahl mit dem Faktor 1, dann ist das Ergebnis immer gleich dieser Zahl.

$4 \cdot 1 = 4 \qquad 457 \cdot 1 = 457$
$8 \cdot 1 = 8 \qquad 2\,351 \cdot 1 = 2\,351$

Tipp

Es gibt im kleinen Einmaleins nur 42 verschiedene Ergebnisse. Schreib alle Lösungen auf, und zähl nach!

Klasse 2 3 4

Die Maus hat einen Tipp für dich auf Seite 162.

Zehnerzahlen multiplizieren

Nutz unterschiedliche Rechenwege, um mit Zehnerzahlen zu multiplizieren.

Parallele Aufgaben finden

Such eine passende Aufgabe im kleinen Einmaleins.

$2 \cdot 20 = 40$

$2 \cdot 2 = 4$

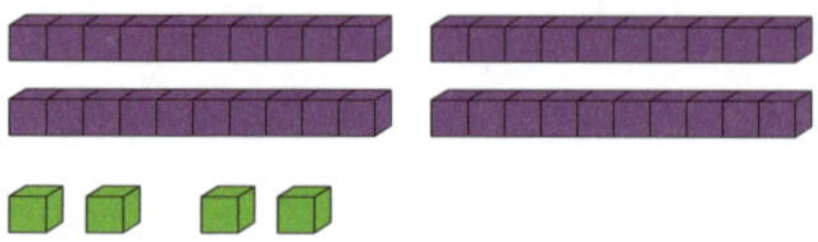

Lös die Aufgabe auch durch Zerlegen eines Faktors:

$2 \cdot 20 = \square$

$2 \cdot 2 \cdot 10 = \square$

$4 \cdot 10 = 40$

Multiplikation mit Zehnern

Notier die Zehnerzahl als Stellenwert, lös die Aufgabe. Das Ergebnis wandelst du wieder in eine Zehnerzahl um.

$4 \cdot 20 = \square$

$4 \cdot 2\,Z = 8\,Z = 80$

Rechne ebenso mit Hundertern und Tausendern.

$5 \cdot 400 = \square$

$5 \cdot 4\,H = 20\,H = 2\,000$

$3 \cdot 2\,000 = \square$

$3 \cdot 2\,T = 6\,T = 6\,000$

Multiplikation in der Stellenwerttafel

Die Ziffern der Lösungen rücken eine Stelle nach links: Einer werden zu Zehnern, Zehner werden zu Hundertern.

H	Z	E
		4

H	Z	E
	4	0

$4 \cdot 10 = 40$

H	Z	E
4	0	0

$40 \cdot 10 = 400$

In Schritten multiplizieren

Klasse 3 4

Multiplizierst du eine Aufgabe mit mehrstelligem Faktor im **Malkreuz,** wendest du das Zerlegungsgesetz an und rechnest in Teilschritten.

1. Lösungsweg

8 · 25 = □

	20 ↓	5 ↓	25 ↓
8 →	160	40	200

160 + 40 = 200

Den Faktor 25 zerlegst du in 20 und 5. Die Zahlen schreibst du oben in die Spalten. Lös die Aufgaben 8 · 20 und 8 · 5. Schreib die Ergebnisse in die Kästchen darunter und addiere.

2. Lösungsweg

13 · 18 = □

	10 ↓	8 ↓	18 ↓
10 →	100	80	180
3 →	30	24	54
13 →	130	104	234

130 + 104 = 234

Hat eine Multiplikationsaufgabe zwei mehrstellige Faktoren, zerlegst du beide Faktoren in Einer und Zehner. Die Pfeile im Malkreuz zeigen dir die Teilaufgaben.

Schlag dazu auch auf Seite 88 nach.

Klasse 4

Schlag dazu auch auf Seite 82 nach.

Halbschriftliche Multiplikation

Beim Multiplizieren mit mehrstelligen Faktoren wendest du das Zerlegungsgesetz an.

Aufgabe:	$23 \cdot 8 = \square$
1. Schritt:	23 wird in Zehner und Einer zerlegt: $20 + 3$
2. Schritt:	Jede Zahl wird mit dem 2. Faktor multipliziert: $(20 \cdot 8) + (3 \cdot 8) = 160 + 24$
3. Schritt:	Die Teilergebnisse werden addiert: $160 + 24 = 184$
Ergebnis:	$23 \cdot 8 = 184$

Schlag dazu auch auf Seite 85 nach.

Besteht ein Faktor aus einer 8 oder 9, kannst du auch **Kernaufgaben** bilden. Du nutzt dabei die Zahlen 1, 2, 5 und 10 als Faktor.

Beispiel: (... · 8) entspricht (... · 10) – (... · 2)

$23 \cdot 8 = (23 \cdot 10) - (23 \cdot 2) = 230 - 46 = 184$

$58 \cdot 9 = (58 \cdot 10) - (58 \cdot 1) = 580 - 58 = 522$

Rechnest du mit größeren Zahlen, musst du die Aufgaben übersichtlich untereinander notieren.

1. Lösungsweg:
Erst die Hunderter, dann die Zehner, anschließend die Einer multiplizieren, Teilergebnisse addieren.

$127 \cdot 4 = 508$

$100 \cdot 4 = 400$

$20 \cdot 4 = 80$

$7 \cdot 4 = 128$

$127 \cdot 4 = 508$

2. Lösungsweg:
Erst die Einer, dann die Zehner und danach die Hunderter multiplizieren, Teilergebnisse addieren.

$127 \cdot 4 = 508$

$7 \cdot 4 = 28$

$20 \cdot 4 = 80$

$100 \cdot 4 = 400$

$127 \cdot 4 = 508$

Schriftliche Multiplikation

Klasse 4

Die Maus hat einen Tipp für dich auf Seite 164.

Bei der schriftlichen Multiplikation wird schrittweise **von rechts nach links** gerechnet. Überprüf immer mit einer Überschlagsrechnung.

$2 \cdot 2314 = 2314 \cdot 2$

Überschlagsrechnung:
$2300 \cdot 2 = 4600$

T	H	Z	E		
2	3	1	4	·	2
		4	6	2	8

Sprechweise:
2 · 4 = 8, schreib 8
2 · 1 = 2, schreib 2
2 · 3 = 6, schreib 6
2 · 2 = 4, schreib 4

Ist ein Teilergebnis größer als 10, notierst du den Einer und merkst dir den Zehner. Die Merkzahl addierst du zum folgenden Teilergebnis.

T	H	Z	E		
4	3	7	9	·	4
1	3	3			
	1	7	5	1	6

Sprechweise:
4 · 9 = 36, schreib 6, merk 3
4 · 7 + 3 = 31, schreib 1, merk 3
4 · 3 + 3 = 15, schreib 5, merk 1
4 · 4 + 1 = 17, schreib 17

Ist der zweite Faktor zweistellig, rechnest du in drei Schritten:
1. Multiplizier den ersten Faktor mit dem Zehner der zweiten Zahl.
2. Multiplizier den ersten Faktor mit dem Einer der zweiten Zahl.
3. Addier die Teilergebnisse.

3	4	2	·	3	5
				↓	↓
	1	0	2	6	
+		1	7	1	0
	1	1	9	7	0

Überschlagsrechnung:
$300 \cdot 40 = 12000$

Klasse
2 3 4

Was Division bedeutet

Der Begriff *Division* kommt aus dem Lateinischen und bedeutet **aufteilen** oder **verteilen.** Für die Division benutzt du das Rechenzeichen **:** (sprich: *geteilt durch*).

Divisionsaufgaben werden auch Geteiltaufgaben genannt.

Aufteilen

Im Sportunterricht sollen alle Kinder einer Klasse Dreiergruppen bilden. Es sind 27 Kinder in der Klasse. Wie viele Gruppen werden es sein?

$27 : 3 = 9$ Du liest: 27 (geteilt) durch 3 gleich 9.

Ergebnis: Es gibt genau 9 Gruppen.

Verteilen

12 Müsli-Riegel werden an 4 Kinder verteilt, dabei soll jedes Kind die gleiche Anzahl bekommen. Wie viele Riegel erhält jedes Kind?

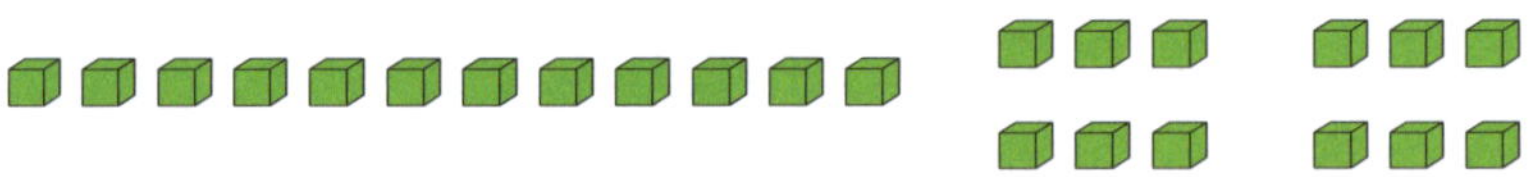

$12 : 4 = 3$ Du liest: 12 (geteilt) durch 4 gleich 3.

Ergebnis: Jedes Kind bekommt 3 Müsli-Riegel.

Teilst du eine Zahl durch 2, nennt man dies **halbieren.**

$8 : 2 = 4$ $20 : 2 = 10$

Schlag dazu auch auf Seite 25 nach.

Es gibt Zahlen, die kannst du nur durch sich selbst und durch 1 dividieren. Sie heißen **Primzahl.**

$7 : 1 = 7$ und $7 : 7 = 1$

Die Zahl, die aufgeteilt werden soll, heißt **Dividend.** Die Zahl, mit der du teilst, bezeichnet man als **Divisor.** Das Ergebnis einer Divisionsaufgabe wird **Quotient** genannt. Bei Divisionsaufgaben ist der Quotient immer genauso groß oder kleiner als der Dividend.

10	:	5	=	2
Dividend		Divisor		Quotient
Du liest: zehn	(geteilt) durch	fünf	gleich	zwei.

Jeder Dividend kann ohne Rest nur durch ganz bestimmte Zahlen geteilt werden. Diese Zahlen werden **Teiler** genannt. Mit den **Teilbarkeitsregeln** findest du die richtigen Teiler einer Zahl.

Divisionsaufgaben, in denen der Divisor gleich null ist, kannst du nicht lösen.

Schlag dazu auch auf Seite 93 nach.

Rechnung ohne Rest:

8 : 1 = 8   8 : 2 = 4   8 : 4 = 2   8 : 8 = 1

Teiler von 8 sind: 1, 2, 4, 8

Die erste Divisionsaufgabe kannst du nicht lösen, weil der Divisor gleich null ist:

12 : 0 = nicht lösbar!

0 : 4 = 0

Klasse 2 3 4

Regeln helfen beim Rechnen

Bei Divisionsaufgaben musst du besonders gut aufpassen. Achte beim Rechnen genau auf die Regeln.

Zerlegungsgesetz (Distributivgesetz)

Dividenden lassen sich zerlegen, und der Wert des Quotienten bleibt dabei gleich. Das Zerlegungsgesetz kann dir helfen, Aufgaben schneller auszurechnen. Denk an die Regel: **Punktrechnung geht vor Strichrechnung.**

Aufgabe: $56 : 8 = \square$

zerlegen: $56 = 40 + 16$ (= Zahlen des 8er-Einmaleins)

teilen: $40 : 8 + 16 : 8 = \square$

addieren: $5 + 2 = 7$

Ergebnis: $56 : 8 = 7$

Aufgabe: $63 : 7 = \square$

zerlegen: $63 = 70 - 7$ (= Zahlen des 7er-Einmaleins)

teilen: $70 : 7 - 7 : 7 = \square$

subtrahieren: $10 - 1 = 9$

Ergebnis: $63 : 7 = 9$

In Divisionsaufgaben dürfen Dividend und Divisor **nicht vertauscht** werden!

$28 : 4$ ist nicht gleich $4 : 28$.

Halbieren von Dividenden

Halbierst du den Dividenden, halbiert sich auch das Ergebnis.

$24 : 4 = 6$ $\quad$ $12 : 4 = 3$

: 2 $\quad$: 2

Teilbarkeitsregeln

Mit den Teilbarkeitsregeln prüfst du, ob sich der Dividend durch einen bestimmten Teiler dividieren lässt.

Schlag dazu auch auf den Seiten 91, 97 und 99 nach.

Teiler	Teilbarkeitsregeln
28 : 2 = 14	2 ist Teiler, wenn eine gerade Zahl (2, 4, 6, 8) in der Einerstelle des Dividenden steht.
321 : 3 = 107	3 ist Teiler, wenn die Quersumme durch 3 teilbar ist.
124 : 4 = 31	4 ist Teiler, wenn die letzten beiden Ziffern ein Vielfaches von 4 sind.
95 : 5 = 19	5 ist Teiler, wenn eine 0 oder eine 5 in der Einerstelle steht.
312 : 6 = 52	6 ist Teiler, wenn die Zahl gerade ist und die Quersumme durch 3 geteilt werden kann.
175 : 7 = 25	Für die 7 gibt es keine Regel.
856 : 8 = 107	8 ist Teiler, wenn die letzten drei Ziffern durch 8 teilbar sind.
171 : 9 = 19	9 ist Teiler, wenn die Quersumme durch 9 teilbar ist.
120 : 10 = 12	10 ist Teiler, wenn eine 0 in der Einerstelle steht.

Die **Quersumme** einer Zahl erhältst du, indem du die Ziffern der Zahl addierst.

321 = 3 + 2 + 1 = 6 (Quersumme)

Regeln beim Teilen mit Rest

Wenn der Divisor kein Teiler des Dividenden ist, bleibt ein Rest.

Rechnung: 14 : 3 = ☐

zerlegen: 14 = 12 + 2

Ergebnisse: (12 + 2) : 3 = 4 + 2 : 3 oder:

(12 + 2) : 3 = 4 R 2

Umkehraufgabe: $4 \cdot 3 + 2 = 14$

Klasse
1 2 3 4

Schlag dazu auch auf Seite 83 nach.

Die Maus hat einen Tipp für dich auf Seite 165.

Umkehraufgaben nutzen

Zu jeder Divisionsaufgabe gibt es eine passende Multiplikationsaufgabe. Diese Aufgabe heißt **Umkehraufgabe.** Nutz die Umkehraufgabe als Probe, um das Ergebnis einer Divisionsaufgabe zu überprüfen.

Aufgabe: $42 : 6 = 7$

Umkehraufgabe: $7 \cdot 6 = 42$

Aufgabe mit Rest: $29 : 4 = 7 + 1 : 4$ oder:
$29 : 4 = 7$ R 1

Umkehraufgabe: $7 \cdot 4 + 1 = 28 + 1 = 29$

Die Probe durch die Umkehraufgaben hat ergeben, dass die Rechnungen stimmen.

Auch beim Lösen von **Platzhalteraufgaben** können dir die Umkehraufgaben helfen.

Aufgabe:	$42 : \square = 7$	$42 : \square = 6$
Umkehraufgabe:	$7 \cdot 6 = 42$	$6 \cdot 7 = 42$
Ergebnis:	$42 : 6 = 7$	$42 : 7 = 6$

Klasse 2

Durch Zehnerzahlen dividieren

Durch Zehnerzahlen dividierst du, indem du auf das kleine Einmaleins zurückgreifst oder die Stellenwerttafel benutzt.

Parallele Aufgaben finden

Zu jeder Divisionsaufgabe im Zehnereinmaleins findest du eine entsprechende Aufgabe im kleinen Einmaleins. Das erleichtert dir das Rechnen.

120 : 40 = 3

12 : 4 = 3

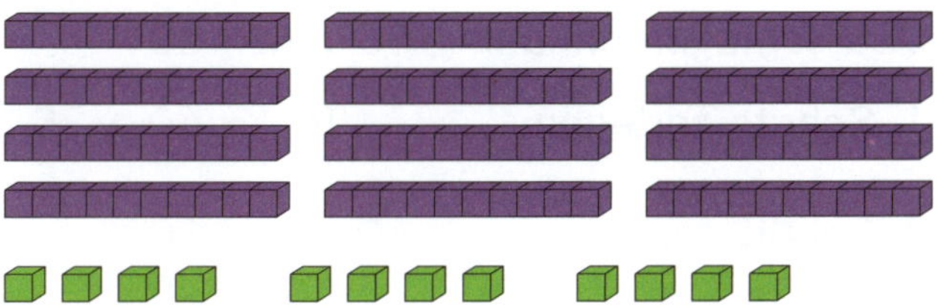

Aufgabe: 420 : 60 = ☐

parallele Aufgabe: 42 : 6 = 7

Ergebnis: 420 : 60 = 7

Division in der Stellenwerttafel

In der Stellenwerttafel siehst du, dass sich alle Ziffern des Dividenden um eine Stelle nach rechts verschieben, wenn du durch 10 teilst.

T	H	Z	E
4	0	0	0

T	H	Z	E
	4	0	0

4000 : 10 = 400

T	H	Z	E
		4	0

400 : 10 = 40

T	H	Z	E
			4

40 : 10 = 4

Schlag dazu auch auf Seite 77 nach.

Klasse 4

Schlag dazu auch auf Seite 101 nach.

Halbschriftliche Division ohne Rest

Du kannst den Dividenden in **Vielfache des Teilers** zerlegen. Die Vielfachen dividierst du nacheinander durch den Divisor. Die Teilergebnisse musst du anschließend addieren.

Rechne immer eine Überschlagsrechnung und die Probe. So kannst du sehen, ob dein Ergebnis stimmt.

Aufgabe:	$76 : 4 = \square$
Überschlagsrechnung:	$80 : 4 = 20$
1. Schritt, zerlegen:	$76 = 40 + 36$ (sind Vielfache von 4)
2. Schritt, teilen:	$40 : 4 = 10$ $36 : 4 = 9$
3. Schritt, addieren	$10 + 9 = 19$
Ergebnis:	$76 : 4 = 19$
Probe:	$19 \cdot 4 = 76$

Rechnest du mit größeren Zahlen, schreibst du dir die Aufgaben übersichtlich untereinander.

Aufgabe: $635 : 5 = \square$

Überschlagsrechnung:
$640 : 5 = 128$

	Probe:
$635 : 5 = 127$	$127 \cdot 5 = 635$
$500 : 5 = 100$	$100 \cdot 5 = 500$
$100 : 5 = 20$	$20 \cdot 5 = 100$
$35 : 5 = 7$	$7 \cdot 5 = 35$
$635 : 5 = 127$	$127 \cdot 5 = 635$

Klasse 4

Halbschriftliche Division mit Rest

Wenn du mit den **Teilbarkeitsregeln** feststellst, dass der Divisor kein Teiler ist, weißt du, dass bei der Divisionsaufgabe ein Rest bleiben wird.

Schlag dazu auch auf Seite 93 nach.

Such dir für die Überschlagsrechnung immer ein Vielfaches des Teilers.

Aufgabe:	98 : 8 = ☐
Überschlagsrechnung:	80 : 8 = 10
1. Schritt, zerlegen:	98 = 80 + 18
2. Schritt, teilen:	80 : 8 = 10
	18 : 8 = 2 Rest 2
3. Schritt, addieren:	10 + 2 = 12
Ergebnis:	98 : 8 = 12 Rest 2
Probe:	12 · 8 = 96
	96 + 2 = 98

Rechnest du mit größeren Zahlen, schreibst du dir die Aufgaben übersichtlich untereinander.

Aufgabe:	753 : 4 = ☐
Überschlagsrechnung:	760 : 4 = 190

Aufgabe:	Probe:
753 : 4 = 188 Rest 1	188 · 4 = 752 + 1 = 753
400 : 4 = 100	100 · 4 = 400
320 : 4 = 80	80 · 4 = 320
33 : 4 = 8 Rest 1	8 · 4 = 32
753 : 4 = 188 Rest 1	188 · 4 = 752 + 1 = 753

Klasse 4

Schriftliche Division ohne Rest

Die Ziffern des Dividenden werden durch den Divisor geteilt. Du rechnest von links nach rechts und schreibst die Zahlen genau untereinander.

So gehst du vor:
1. du dividierst,
2. du multiplizierst zur Kontrolle,
3. du subtrahierst (wenn du geübt bist, dann kannst du die Minuszeichen weglassen),
4. du holst die nächste Zahl herunter.

Aufgabe: 1 975 : 5 = ☐

Überschlagsrechnung: 2 000 : 5 = 400

Tipp Denk immer an die Überschlagsrechnung und die Probe, dann geht nichts schief!

T	H	Z	E						
1	9	7	5	:	5	=	3	9	5
1	5	↓	↓						
	4	7	↓						
	4	5	↓						
		2	5						
		2	5						
			0						

Sprechweise:
1 : 5 ist nicht lösbar,
19 : 5 = 3, schreib 3
3 · 5 = 15
19 − 15 = 4
7 herunterholen

47 : 5 = 9, schreib 9
9 · 5 = 45
47 − 45 = 2
5 herunterholen

25 : 5 = 5, schreib 5
5 · 5 = 25
25 − 25 = 0

Probe:

3	9	5	·	5
	1	9	7	5

Schriftliche Division mit Rest

Klasse 4

Nutz die **Teilbarkeitsregeln,** um herauszufinden, ob die Aufgabe einen Rest haben wird. Den Rest notierst du ebenfalls im Ergebnis.

Schlag dazu auch auf Seite 93 nach.

Aufgabe: 783 : 4 = ☐

Überschlagsrechnung: 800 : 4 = 200

H	Z	E							
7	8	3	:	4	=	1	9	5	
4						Rest	3		
3	8					(oder: R 3)			
3	6								
	2	3							
	2	0							
		3							

Sprechweise:

7 : 4 = 1, schreib 1
1 · 4 = 4
7 − 4 = 3
8 herunterholen

38 : 4 = 9, schreib 9
9 · 4 = 36
38 − 36 = 2
3 herunterholen

23 : 4 = 5, schreib 5
5 · 4 = 20
23 − 20 = 3, Rest 3

Probe:

1	9	5	·	4						
		7	8	0	+	3	=	7	8	3

Klasse 2 3 4

Schlag dazu auch auf den Seiten 41 und 77 nach.

Runden von Zahlen

Das Kopfrechnen geht leichter, wenn du auf eine glatte Zahl rundest. Das Runden hilft dir auch bei der Probe.

Schau dir immer die Zahl an, die **rechts** neben der Zahl steht, die du runden willst:
- Bei **0, 1, 2, 3, 4** wird **abgerundet.**
- Bei **5, 6, 7, 8, 9** wird **aufgerundet.**

Du kannst zum Beispiel auf Zehner, Hunderter oder Tausender runden. Zwischen der ursprünglichen Zahl und der gerundeten Zahl verwendest du dieses Zeichen $\approx$, das *gerundet* bedeutet.

Wenn du auf **Zehner** rundest, achtest du auf den **Einer:**
$187 \approx 190$ aufgerundet $124 \approx 120$ abgerundet

Wenn du auf **Hunderter** rundest, achte auf den **Zehner:**
$187 \approx 200$ aufgerundet $124 \approx 100$ abgerundet

Überschlagendes Rechnen

Gerundete Zahlen vereinfachen das Rechnen. So addierst du mit gerundeten Zahlen:

$548 + 254 = \square$

$548 \approx 550$ $254 \approx 250$

$550 + 250 = 800$

exakte Rechnung:

	5	4	8
+	2	5	4
	1	1	
	8	0	2

So subtrahierst du mit gerundeten Zahlen:

$878 - 365 = \square$

$878 \approx 880$ $365 \approx 370$

$880 - 370 = 510$

exakte Rechnung:

	8	7	8
−	3	6	5
	5	1	3

So multiplizierst du mit gerundeten Zahlen:

404 · 5 = ☐

404 ≈ 400
400 · 5 = 2 000

exakte Rechnung:

4	0	4	·	5
	2	0	2	0

Das Kopfrechnen bei Multiplikationsaufgaben kannst du dir mit dem **gegensinnigen Verändern** leichter machen. Ein Faktor wird verdoppelt, der andere halbiert, das Produkt bleibt gleich.

404 · 5 = ☐

404 ≈ 400
400 · 5 = 200 · 10 = 2 000

: 2 · 2

So dividierst du mit gerundeten Zahlen:

2 424 : 4 = ☐

2 424 ≈ 2 400
2 400 : 4 = 600

exakte Rechnung:

2	4	2	4	:	4	=	6	0	6
2	4								
	0	2							
		0							
		2	4						
		2	4						
			0						

Mit dem **gleichsinnigen Verändern** machst du dir das Dividieren leichter. Hier veränderst du beide Zahlen auf die gleiche Weise. Du kannst zum Beispiel halbieren.

2 424 : 4 = ☐

2 424 ≈ 2 400
2 400 : 4 = 1 200 : 2 = 600

: 2 : 2

Klasse
1 2 3 4
(Klasse 1:
Rechnen bis 20)

Euro (€) und Cent (ct)

Vor langer Zeit tauschten die Menschen Waren gegen Waren. Dabei musste aber immer wieder neu über den Wert der einzelnen Dinge verhandelt werden.

Mit der Einführung des **Geldes** konnte man den Waren feste Werte zuordnen und das Tauschen wurde durch das Kaufen ersetzt.

Verschiedene Länder benutzen verschiedene Zahlungsmittel (Währungen). In vielen Ländern Europas wird als Währung seit dem Jahr 2002 der **Euro** eingesetzt.

Eurobeträge werden durch die Maßeinheiten **€** und **EUR** abgekürzt. Du wirst vor allem das €-Zeichen kennen.

Die Maßeinheit der **Centbeträge** lautet **ct.**
Es gilt: **1 € = 100 ct**

50 **ct**

Für 100 ct oder 1 € bekommst du 2 Schokoriegel.

2,00 €

Ein Lineal ist so viel wert wie 200 Cent-Münzen.

Banknoten und Münzen

Als Zahlungsmittel dienen uns sowohl Banknoten (Euroscheine) als auch Euromünzen.

Es gibt sieben verschiedene Banknoten. Um sie leichter auseinanderhalten zu können, haben sie verschiedene Farben und sind unterschiedlich groß. Du siehst, dass die Scheine mit zunehmendem Wert größer werden.

Außerdem gibt es acht unterschiedliche Euromünzen. Sie sind verschieden groß und schwer und unterscheiden sich auch im Material.

Auf der Vorderseite der Münzen ist ihr Wert als Zahl geprägt. Die Rückseiten zeigen Motive, die sich je nach Herkunftsland voneinander unterscheiden.

Klasse

1 2 3 4

(Klasse 1 und 2: nur ganze Beträge)

Geldbeträge darstellen

Preisangaben findest du zum Beispiel auf Verpackungen von Waren, in Verkaufsprospekten und auf den Displays der Kassen in Supermärkten.

Geldbeträge werden meist in **Kommaschreibweise** dargestellt. Das Komma trennt Euro von Cent. Nullen werden dabei oft durch einen Strich ersetzt:

- 35 € wird dargestellt als 35,00 € oder 35,– €
- 45 ct wird dargestellt als 0,45 € oder –,45 €

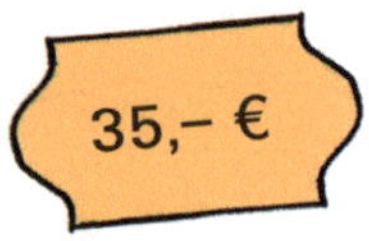

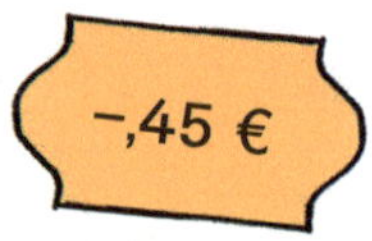

Beträge, die als Kommazahl dargestellt sind, haben als Maßeinheit immer €.

Die getrennte Darstellung von Euro und Cent findest du selten. So heißt es nicht: 26 € 35 ct oder 7 € 9 ct, sondern: 26,35 € oder 7,09 €.

Wenn du Geldbeträge aussprichst, nennst du Euro und Cent nacheinander. Das Komma sprichst du nicht. Wie sprichst du den Geldbetrag von 49,99 €?

- Du wirst nicht sagen: *neunundvierzig Euro Komma neunundneunzig,*
- sondern: *neunundvierzig Euro und neunundneunzig Cent*
- oder verkürzt: *neunundvierzig neunundneunzig.*

Bei den Centbeträgen sprichst du das Komma auch nicht aus. Der Geldbetrag von 0,13 € lautet ausgesprochen *dreizehn Cent.*

Euro und Cent in der Stellenwerttafel

Eine Stellenwerttafel hilft dir dabei, Geldbeträge mit Kommazahl ohne Fehler von **Euro in Cent** und umgekehrt **umzuwandeln.** Die breitere Linie trennt Euro von Cent und steht für das Komma.

Schlag dazu auch auf Seite 106 nach.

	1 000 €	100 €	10 €	1 €	10 ct	1 ct
7 €				7	0	0
6 € 90 ct				6	9	0
119 € 5 ct		1	1	9	0	5
1 021 € 90 ct	1	0	2	1	9	0

Mit der Stellenwerttafel ist es ganz einfach, alle Beträge von oben mit Kommazahl zu notieren:

7,00 €
6,90 €
119,05 €
1 021,90 €

In Sparkassen und Banken werden manchmal noch zum Umtauschen und Zählen von Münzen Zählbretter verwendet. Die Werte der Münzen nehmen meistens von links nach rechts ab.

Klasse 2 3 4

(Klasse 2: nur ganze Beträge)

Schlag dazu auch auf den Seiten nach:
- Addition: 44–61
- Subtraktion: 62–77
- Multiplikation: 78–89
- Division: 90–99

Mit Geld rechnen

Geldbeträge kannst du wie Zahlen addieren, subtrahieren, multiplizieren und dividieren. Wichtig dabei ist aber, dass du auf die angegebene Maßeinheit der Geldbeträge achtest (€ oder ct).

Mit Geldbeträgen kannst du nur rechnen, wenn sie in der gleichen Maßeinheit stehen. Bei verschiedenen Einheiten musst du sie **in eine gleiche Einheit umwandeln:**
- Euro in Cent: Betrag mit 100 multiplizieren
- Cent in Euro: Betrag durch 100 dividieren

4 € + 320 ct = 400 ct + 320 ct = 720 ct oder

4 € + 3,20 € = 7,20 €

Es ist übersichtlicher, etwas höhere Geldbeträge immer in Euro anzugeben.

Schriftliche Addition und Subtraktion

Schlag dazu auch auf Seite 105 nach.

Bei der Addition und Subtraktion von Kommazahlbeträgen orientierst du dich am Komma. Dabei müssen die Geldbeträge und die Kommas genau untereinander stehen.

403,07 € + 81,40 € = ☐

	4	0	3,	0	7	€
+		8	1,	4	0	€
	4	8	4,	4	7	€

1 608, 23 € – 507,02 € = ☐

	1	6	0	8,	2	3	€
–		5	0	7,	0	2	€
	1	1	0	1,	2	1	€

Beträge ohne Komma schreibst du stellengerecht untereinander (Einer unter Einer, Zehner unter Zehner, usw.)

77 € + 1 063 € + 280 € = ☐

			7	7	€
+	1	0	6	3	€
+		2	8	0	€
		2	1		
	1	4	2	0	€

904 ct − 869 ct = ☐

	9	0	4	ct
−	8	6	9	ct
	1	1		
		3	5	ct

Schriftliche Multiplikation und Division

Rechne am besten immer ohne Komma. Wandle vorher die Kommazahlbeträge in volle Beträge um. Das Ergebnis rechnest du dann wieder in eine Kommazahl um.

37,64 € · 7 = ☐

3 764 ct · 7 = ☐

3	7	6	4	ct	·	7	
		2	6	3	4	8	ct
		2	6	3,	4	8	€

Du kannst den Betrag aber auch mit Komma stehen lassen und dann ohne Beachtung des Zeichens rechnen.

Im Ergebnis setzt du das Komma dann vor die letzten beiden Stellen.

922,88 € : 8 = ☐

92 288 ct : 8 = ☐

9	2	2	8	8	€	:	8	=	1	1	5	3	6	ct
8														
1	2									1	1	5,	3	6	€
	8													
	4	2												
	4	0												
		2	8											
		2	4											
			4	8										
			4	8										
				0										

Klasse
2 3 4
(Klasse 2: nur *cm*)

Vom Millimeter (mm) zum Kilometer (km)

Früher gab es zum Beispiel die Längenmaße Finger, Elle, Fuß oder Schritt. Wie die Namen schon sagen, waren diese Maßeinheiten vom menschlichen Körper abgeleitet. Sie waren aber ungenau und nicht miteinander vergleichbar, weil jeder Mensch andere Maße hat.

Deshalb wurde im Jahre 1889 der **Meter (m)** als vergleichbare Längeneinheit festgelegt und in vielen Ländern der Welt zur Bestimmung von Längen verwendet. In England und Amerika hat man eine andere einheitliche Maßeinheit gefunden. Dort werden Längen in Miles, Foot und Inch gemessen.

Große Strecken werden mit dem Tausendfachen eines Meters – dem Kilometer (km) – angegeben:
1 km = 1 000 m

Zur genaueren Messung kleinerer Längen ist ein Meter (m) unterteilt in Dezimeter (dm), Zentimeter (cm) oder Millimeter (mm):
1 m = 10 dm = 100 cm = 1 000 mm

Die Maus hat einen Tipp für dich auf Seite 170.

Auf Längenmessgeräten findest du Zahlenskalen zum Ablesen von Längen. Sie beginnen bei 0 und werden immer auch dort angelegt. In der Schule arbeitest du mit einem Lineal oder einem Geodreieck.

Um große Strecken zu messen, nimmst du Bandmaße oder ausklappbare Meterstäbe.

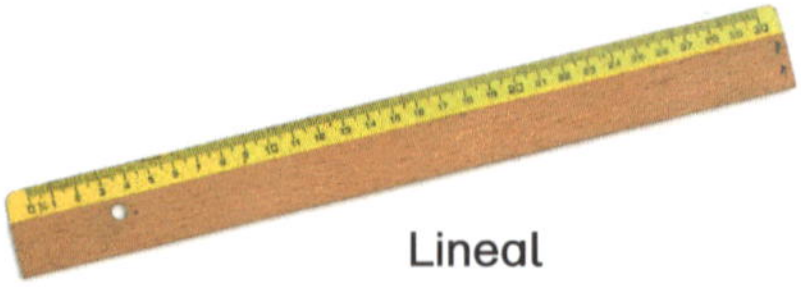

Lineal

Meterstab

Längenvorstellungen sind nützlich, wenn du kein Messgerät bei dir hast. Sie helfen aber nur bei Schätzungen.

Die gerade Laufbahn in einem Leichtathletikstadion ist 100 m lang.

Der Flügel einer Wandtafel in der Schule ist 1 m breit.

Ein DIN-A4-Blatt ist 21 cm breit.

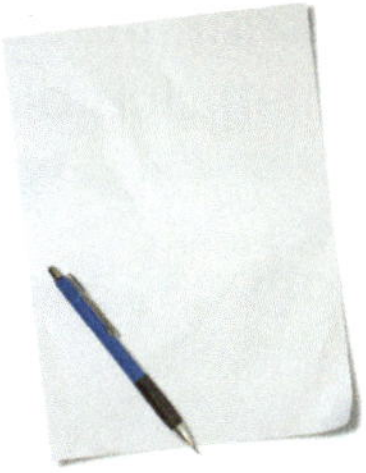

Ein Smartphone ist oft 1 dm lang.

Die Längeneinheit *Dezimeter (dm)* wird nur noch selten gebraucht und oft durch die Angabe *10 cm* ersetzt.

Klasse 3 4

Längen darstellen

Auf Straßenschildern findest du Längenangaben. Hier werden Entfernungen von Strecken angegeben. Größere Entfernungen werden dabei ohne Komma gezeigt, kürzere als Kommazahl angegeben.

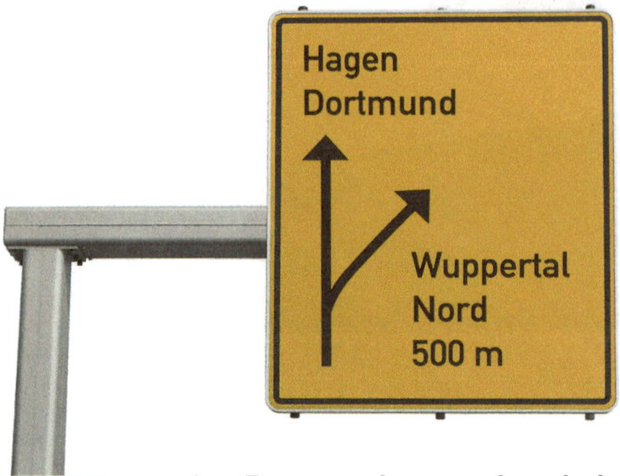

Schlag dazu auch auf Seite 181 nach.

Im Personalausweis wird die Körpergröße in Zentimetern angegeben, zum Beispiel 170 cm. Beim Sprechen von Längen über 1 m sind wir eher daran gewöhnt, Meter und Zentimeter getrennt zu nennen, zum Beispiel: „Ich bin einen Meter sechsunddreißig (cm) groß.“

Manche Längen können mit einer **Bruchzahl** angegeben werden.

Bruch	Umwandlung	Rechnung
$\frac{1}{2}$ km	= $\frac{1}{2}$ von 1 km = 500 m	1 000 m : 2 = 500 m
$\frac{1}{4}$ km	= $\frac{1}{4}$ von 1 km = 250 m	1 000 m : 4 = 250 m
$\frac{3}{4}$ km	= $\frac{3}{4}$ von 1 km = 3 · 250 m = 750 m	1 000 m : 4 = 250 m 250 m · 3 = 750 m

Von einer Längeneinheit zur nächsten

Mithilfe von **Umwandlungszahlen** kann jede Länge in jeder möglichen Längeneinheit aufgeschrieben werden.

Umwandlungszahl	**Umwandlung**
km in m: · 1 000	1 km = 1 000 m
m in cm: · 100	1 000 m = 100 000 cm
cm in mm: · 10	100 000 cm = 1 000 000 mm

Die Kommaschreibweise

Längeneinheiten können auch mit Kommazahlen dargestellt werden.

3 400 m = 3 km 400 m = 3,4 km
237 cm = 2 m 37 cm = 2,37 m
67 mm = 6 cm 7 mm = 6,7 cm

Längen in der Stellenwerttafel

Die Stellenwerttafel erleichtert dir die Umwandlung in andere Längeneinheiten und den Umgang mit den Kommastellen. Folgen nach einer Kommastelle nur noch Nullen, darfst du diese weglassen.

Schlag dazu auch auf Seite 112 nach.

	km	**100 m**	**10 m**	**1 m**	**10 cm**	**1 cm**	**1 mm**
3,08 km	3	0	8	0	0	0	0
37,4 m	0	0	3	7	4	0	0
29,1 cm	0	0	0	0	2	9	1

Klasse 2 3 4
(Klasse 2: nur ganz *cm*)

Schlag dazu auch auf den Seiten nach:
- Addition: 44–61
- Subtraktion: 62–77
- Multiplikation: 78–89
- Division: 90–99

Mit Längen rechnen

Längen kannst du wie Zahlen ohne Größenangaben addieren, subtrahieren, multiplizieren und dividieren.

Vor dem Rechnen musst du prüfen, ob alle Größenangaben in der gleichen Maßeinheit stehen. Ist das nicht der Fall, musst du vorher in die gleiche Einheit umwandeln.

32,24 m + 683 cm = 3 224 cm + 683 cm = 3 907 cm
oder
32,24 m + 683 cm = 32,24 m + 6,83 m = 39,07 m

Eine größere Längenangabe ist meist besser vorstellbar, wenn sie in Meter oder Zentimeter umgewandelt wird.

Schlag dazu auch auf Seite 111 nach.

Schriftliche Addition und Subtraktion

Bei der Addition und Subtraktion von Kommazahlen orientierst du dich am Komma. Die Kommas stehen genau untereinander. Zur besseren Orientierung kannst du Stellenlücken hinter dem Komma mit Nullen auffüllen.

32,7 km + 0,865 km = ☐

	3	2,	7	0	0	km
+		0,	8	6	5	km
		1				
	3	3,	5	6	5	km

17,05 m – 9,30 m = ☐

	1	7,	0	5	m
–		9,	3	0	m
	1	1			
		7,	7	5	m

Längenangaben ohne Komma schreibst du stellengerecht untereinander.

51 m + 1 034 m = ☐

			5	1	m
+	1	0	3	4	m
	1	0	8	5	m

337 cm – 226 cm = ☐

	3	3	7	cm
–	2	2	6	cm
	1	1	1	cm

Schriftliche Multiplikation und Division

Rechne am besten immer ohne Komma. Wandle vorher die Kommazahlbeträge in volle Beträge um. Das Ergebnis rechnest du dann wieder in eine Kommazahl um.

28,34 m · 6 = ☐

2 834 cm · 6 = ☐

2	8	3	4	cm	·	6	
		1	7	0	0	4	cm
		1	7	0,	0	4	m

7,340 km : 5 = ☐

7 340 m : 5 = ☐

7	3	4	0	m	:	5	=	1	4	6	8	m
5												
2	3							1,	4	6	8	km
2	0											
	3	4										
	3	0										
		4	0									
		4	0									
			0									

Wenn du Längenangaben wieder in eine Kommazahl umrechnest, musst du daran denken, dass Kilometerangaben 3 Stellen, Meterangaben 2 Stellen und Zentimeterangaben 1 Stelle hinter dem Komma haben!

Schlag dazu auch auf Seite 111 nach.

Klasse 3 4

Tonnenschwer (t) – federleicht (mg)

Wenn du das Gewicht eines Gegenstandes feststellen willst, musst du ihn wiegen. Die gebräuchlichsten Maßeinheiten für Gewichte in Deutschland und weiten Teilen Europas sind Tonne (t), Kilogramm (kg), Gramm (g) und Milligramm (mg).

1 t = 1 000 kg
1 kg = 1 000 g
1 g = 1 000 mg

Große Gewichte wie zum Beispiel von Autos, Lkws oder Tieren wie Elefanten werden in **Tonnen** angegeben.

Die Maßeinheiten **Kilogramm** und **Gramm** werden im Alltag häufig benutzt, zum Beispiel in Supermärkten. Hier werden die Gewichte in Verbindung mit dem Preis genannt (1 kg Kartoffeln: 2,99 €). Auch das Gewicht von Menschen wird in Kilogramm ermittelt. Auf Verpackungen von Schokoladen oder Butter stehen die Gewichtsangaben in **Gramm.**

Milligrammangaben findest du auf Medikamentenpackungen.

Das Gewicht von Gegenständen bestimmst du mit einer Waage.

Das Gewicht lässt sich entweder an einer Zahlenskala oder einer digitalen Anzeige ablesen. Bei älteren Waagen addierst du die aufgelegten Gegengewichte, dann weißt du, wie schwer dein Gegenstand ist.

Gewichte darstellen

Klasse 3 4

Bei Gewichtsangaben findest du häufig Bruchzahlen.

$\frac{1}{2}$ t = die Hälfte von 1 000 kg = 500 kg
1 000 kg : 2 = 500 kg

Schlag dazu auch auf Seite 181 nach.

Von einer Gewichtseinheit zur nächsten

Mithilfe von **Umwandlungszahlen** kann jedes Gewicht in jeder möglichen Gewichtseinheit aufgeschrieben werden.

Umwandlungszahl	Umwandlung
t in kg: · 1 000	1 t = 1 000 kg
kg in g: · 1 000	1 000 kg = 1 000 000 g

Die Kommaschreibweise

Du kannst Gewichte in den Gewichtseinheiten *t* und *kg* mit Kommazahlen darstellen.

4 800 kg = 4 t 800 kg = 4,8 t
7 250 g = 7 kg 250 g = 7,25 kg

Gewichtsangaben in der Stellenwerttafel

Die Stellenwerttafel erleichtert dir die Umwandlung in andere Gewichtseinheiten und den Umgang mit den Kommastellen. Folgen nach einer Kommastelle nur noch Nullen, darfst du diese weglassen.

Schlag dazu auch auf Seite 116 nach.

	t	100 kg	10 kg	1 kg
750 kg	0	7	5	0
8 074 kg	8	0	7	4

	kg	100 g	10 g	1 g
230 g	0	2	3	0
6,501 kg	6	5	0	1

Klasse 3 4

Mit Gewichten rechnen

Gewichte kannst du wie alle Zahlen ohne Größenangaben addieren, subtrahieren, multiplizieren und dividieren.

Bevor du mit dem Rechnen beginnst, musst du dich allerdings vergewissern, dass alle Größenangaben in der gleichen Einheit stehen. Ist das nicht der Fall, musst du vorher umwandeln.

Schlag dazu auch auf den Seiten nach:
- Addition: 44–61
- Subtraktion: 62–77
- Multiplikation: 78–89
- Division: 90–99

498,27 kg + 763 g = 498 270 g + 763 g = 499 033 g
oder
498,27 kg + 763 g = 498,27 kg + 0,763 kg = 499,033 kg

Eine größere Gewichtsangabe ist meist besser vorstellbar, wenn sie in Kilogramm umgewandelt wird.

Schriftliche Addition und Subtraktion

Schlag dazu auch auf Seite 115 nach.

Bei der Addition und Subtraktion von Kommazahlen orientierst du dich am Komma. Die Kommas stehen genau untereinander. Zur besseren Orientierung kannst du Stellenlücken hinter dem Komma mit Nullen auffüllen.

74,7 kg + 0,554 kg = □

	7	4,	7	0	0	kg
+		0,	5	5	4	kg
		1				
	7	5,	2	5	4	kg

45,08 kg – 9,43 kg = □

	4	5,	0	8	0	kg
–		9,	4	3	0	kg
	1	1				
	3	5,	6	5	0	kg

Gewichtsangaben ohne Komma schreibst du stellengerecht untereinander.

297 t + 88 t = ☐

	2	9	7	t
+		8	8	t
	1	1		
	3	8	5	t

704 t – 312 t = ☐

	7	0	4	t
–	3	1	2	t
	3	9	2	t

Schriftliche Multiplikation und Division

Rechne am besten immer ohne Komma. Wandle vorher die Kommazahlbeträge in volle Beträge um. Das Ergebnis rechnest du dann wieder in eine Kommazahl um.

105,70 kg · 6 = ☐

105 700 g · 6 = ☐

1	0	5	7	0	0	g	·	6	
			6	3	4	2	0	0	g
			6	3	4,	2	0	0	kg
			6	3	4,	2	kg		

2,785 t : 5 = ☐

2 785 kg : 5 = ☐

2	7	8	5	kg	:	5	=	5	5	7	kg	
2	5						=	0,	5	5	7	t
	2	8										
	2	5										
		3	5									
		3	5									
			0									

Wenn du Gewichtsangaben wieder in eine Kommazahl umwandelst, musst du daran denken, dass Tonnen- und Kilogrammangaben 3 Stellen hinter dem Komma haben. Sind die letzten Stellen nach dem Komma nur Nullen, darfst du sie weglassen.

Schlag dazu auch auf Seite 115 nach.

Klasse 4

Liter (l) und Milliliter (ml)

Kleinere Behälter wie zum Beispiel Flaschen, Messbecher oder Gläser verfügen über ein Volumen, das messbar ist. Die Maßeinheiten hierfür sind Liter (l) und Milliliter (ml). Liter und Milliliter zählen zu den Hohlmaßen.

1 l = 1 000 ml

Tipp

Wusstest du, dass in ein würfelförmiges Gefäß, das eine Kantenlänge von 10 cm hat, genau ein Liter Wasser passt?

Beim Kochen werden oft bestimmte Mengen von Flüssigkeiten benötigt. Um sie messen zu können, braucht man Messbecher. Sie sind mit einer **Skala** versehen, das ist eine gleichmäßig eingeteilte Anzeige mit Ziffern. Daran kann man die eingefüllte Menge in ml oder l ablesen.

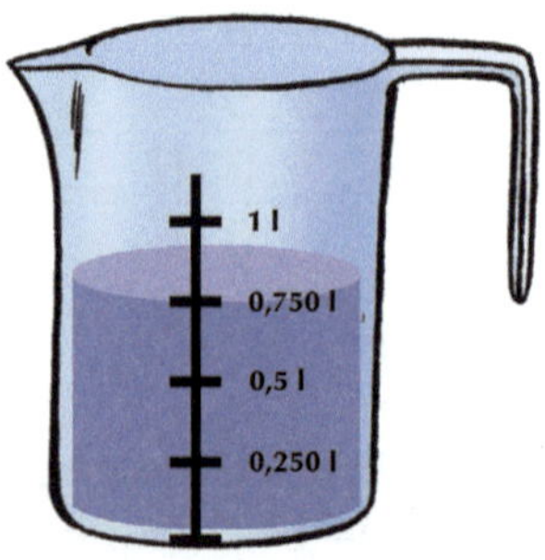

Der Messbecher enthält 0,75 l Flüssigkeit.

Trinkgläser in Restaurants haben oft Eichstriche. Steht neben dem Eichstrich etwa die Zahl 0,2 so bedeutet das, dass das Glas bis zum Eichstrich 0,2 Liter = 200 ml fasst.

Hohlmaße darstellen

Klasse 4

Beim Sprechen von Hohlmaßen nennen wir meist die Literangabe, zum Beispiel: Der Öltank hat ein Fassungsvermögen von 3 000 l. Anstelle von Milliliterangaben werden häufig Bruchteile von Litern gesprochen und geschrieben.

Schlag dazu auch auf Seite 181 nach.

$\frac{1}{2}$ l = $\frac{1}{2}$ von 1 l = 500 ml
1 000 ml : 2 = 500 ml

Umwandlung von l in ml

Mithilfe von **Umwandlungszahlen** können die Hohlmaße in jeder Einheit angegeben werden.

Umwandlungszahl	Umwandlung
l in ml: · 1 000	1 l = 1 000 ml

Die Kommaschreibweise

Du kannst Hohlmaße mit der Einheit l mit Kommazahlen darstellen.

25 250 ml = 25 l 250 ml = 25,250 l = 25,25 l

Hohlmaße in der Stellenwerttafel

Die Stellenwerttafel erleichtert dir die Umwandlung von l und ml und den Umgang mit den Kommastellen. Folgen nach einer Kommastelle nur noch Nullen, darfst du diese weglassen.

Schlag dazu auch auf Seite 120 nach.

	100 l	10 l	1 l	100 ml	10 ml	1 ml
210 l	2	1	0	0	0	0
2,5 l			2	5	0	0
22 ml					2	2

Klasse 4

Mit Hohlmaßen rechnen

Schlag dazu auch auf den Seiten nach:
- Addition: 44–61
- Subtraktion: 62–77
- Multiplikation: 78–89
- Division: 90–99

Hohlmaße kannst du wie Zahlen ohne Größenangaben addieren, subtrahieren, multiplizieren und dividieren.

Bevor du mit dem Rechnen beginnst, musst du dich allerdings vergewissern, dass alle Größenangaben in der gleichen Einheit stehen. Ist das nicht der Fall, musst du vorher umwandeln.

23,750 l + 822 ml = 23 750 ml + 822 ml = 24 572 ml
oder
23,750 l + 822 ml = 23,750 l + 0,822 l = 24,572 l

Eine größere Menge ist besser vorstellbar, wenn sie in Litern angegeben wird.

Schriftliche Addition und Subtraktion

Schlag dazu auch auf Seite 77 nach.

Bei der Addition und Subtraktion von Kommazahlen orientierst du dich am Komma. Die Kommas stehen genau untereinander. Zur besseren Orientierung kannst du Stellenlücken hinter dem Komma mit Nullen auffüllen.

Beispiele:

32,5 l + 1,446 l = ☐

	3	2,	5	0	0	l
+		1,	4	4	6	l
	3	3,	9	4	6	l

22,07 l – 8,39 l = ☐

	2	2,	0	7	0	l
–		8,	3	9	0	l
	1	1	1			
	1	3,	6	8	0	l

Volumenangaben ohne Komma schreibst du stellengerecht untereinander.

297 ml + 88 ml = ☐

	2	9	7	ml
+		8	8	ml
	1	1		
	3	8	5	ml

691 ml – 54 ml = ☐

	6	9	1	ml
–		5	4	ml
		1		
	6	3	7	ml

Schriftliche Multiplikation und Division

Rechne am besten immer ohne Komma. Wandle vorher die Kommazahlbeträge in volle Beträge um. Das Ergebnis rechnest du dann wieder in eine Kommazahl um.

67,71 l · 6 = ☐

67 710 ml · 6 = ☐

6	7	7	1	0	ml	·	6	
		4	0	6	2	6	0	ml
		4	0	6,	2	6	0	l
		4	0	6,	2	6	l	

9,372 l : 3 = ☐

9 372 ml : 3 = ☐

9	3	7	2	ml	:	3	=	3	1	2	4	ml
9												
0	3							3,	1	2	4	l
	3											
	0	7										
		6										
		1	2									
		1	2									
			0									

Wenn du Hohlmaße wieder in eine Kommazahl umwandelst, musst du daran denken, dass Literangaben 3 Stellen hinter dem Komma haben. Sind die letzten Stellen nach dem Komma nur Nullen, darfst du sie weglassen.

Schlag dazu auch auf Seite 119 nach.

Klasse
2 3 4

Zeit(spannen) messen

Zeit wird als Fortschreiten von Ereignissen erfahren. Zurückliegende Ereignisse werden als vergangen bezeichnet, augenblickliche Ereignisse stellen die Gegenwart dar und Ereignisse, die möglicherweise noch stattfinden werden, werden zukünftige Ereignisse genannt.

Die Zeit wird in Abschnitten gemessen: in Jahren, Monaten, Tagen, Stunden, Minuten und Sekunden.

Als Messinstrumente dienen heute mechanische und elektronische Uhren. Bevor sie erfunden wurden, beobachtete man zur Bestimmung der Zeit die Wechsel der Jahreszeiten und die Mond- und Sonnenstände. Später orientierten sich die Menschen mit Sonnen- oder Sanduhren.

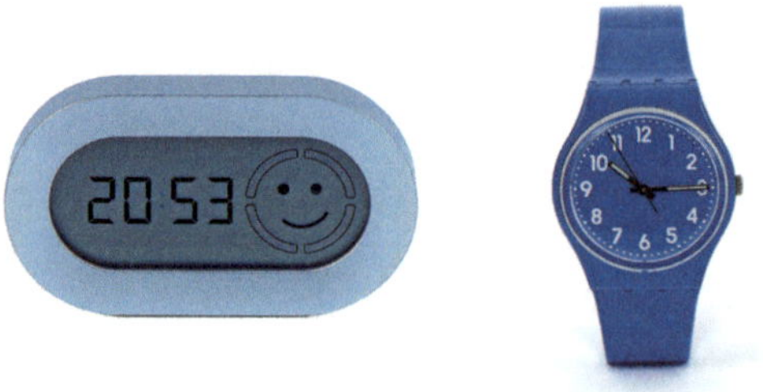

Zum Berechnen von Zeitabschnitten oder Zeitspannen gelten diese Maßeinheiten:

- Ein **Jahr** hat 12 Monate mit insgesamt 365 Tagen (Schaltjahr 366 Tage).
- Die **Monate** haben 28, 30 oder 31 Tage, im Schaltjahr hat der Februar 29 statt 28 Tage.
- Eine **Woche** hat 7 Tage.
- Ein **Tag** hat 24 Stunden (h).
- Eine **Stunde** hat 60 Minuten (min).
- Eine **Minute** hat 60 Sekunden (s).

Klasse 2 3 4

Zeitspannen darstellen

Zeitspannen werden in einer sinnvollen Einheit angegeben, wie zum Beispiel: Ich habe dich über ein Jahr lang nicht gesehen.

Möglich wäre auch: Ich habe dich seit mehr als 8 760 Stunden nicht mehr gesehen. Diese Angabe ist aber kaum vorstellbar und deshalb ungebräuchlich.

Von einer Zeiteinheit zur nächsten

Mithilfe von **Umwandlungszahlen** können Zeiten in unterschiedlichen Einheiten angegeben werden.

Umwandlungszahl	Umwandlung
Jahr in Monate: · 12	1 Jahr = 12 Monate
Monat in Tage: · 28 (· 29, · 30, · 31)	1 Monat = 28 (29, 30, 31) Tage
Tag in Stunden: · 24	1 Tag = 24 h
Stunde in Minuten: · 60	1 h = 60 min
Minute in Sekunden: · 60	1 min = 60 s

17 min 8 s = 17 · **60 s** + 8 s = 1 028 s
2 h 32 min = 2 · **60 min** + 32 min = 152 min
12 Tage 16 h = 12 · **24 h** + 16 h = 304 h
2 Jahre 7 Monate = 2 · **12 Monate** + 7 Monate
= 31 Monate

Bei den Größen Geld, Längen, Gewichte und Volumen sind die Umwandlungszahlen Stufenzahlen des Zehnersystems. Bei der Zeit ist das nicht so. Deshalb ist hier das Umwandeln von einer Einheit in die andere nicht so einfach.

Schlag dazu auch auf Seite 32 nach.

Klasse 2 3 4

Zeitabschnitte auf der Zeigeruhr

Auf Zeigeruhren lassen sich Zeitabschnitte besonders deutlich darstellen.

Du kannst das Ziffernblatt in 4 gleich große Teile einteilen und siehst **Bruchteile** einer Stunde:

Schlag dazu auch auf Seite 181 nach.

$\frac{1}{4}$ Stunde = 15 min
60 min : 4 = 15 min

$\frac{1}{2}$ Stunde = 30 min
60 min : 2 = 30 min

$\frac{3}{4}$ Stunde = 45 min
60 min : 4 = 15 min
15 min · 3 = 45 min

Ebenfalls leicht zu berechnende und häufig gebrauchte Zeitspannen sind die 5-Minuten- ,10-Minuten- und 20-Minuten-Abschnitte:

60 min : 12 = 5 min
60 min : 6 = 10 min
60 min : 3 = 20 min

Einteilung der Jahresuhr

Wenn du dir das Jahr mit seinen 12 Monaten auch einmal auf einem Kreis übertragen vorstellst, erkennst du die gleichen Bruchteile wie auf der Zeigeruhr:

- $\frac{1}{4}$ Jahr = 12 Monate : 4 = 3 Monate
- $\frac{1}{2}$ Jahr = 12 Monate : 2 = 6 Monate
- Jahr = 12 Monate : 4 = 3 Monate
  und 3 Monate · 3 = 9 Monate

Zeitpunkte und Zeitspannen

Klasse 2 3 4

Wenn du mit Zeitmaßen rechnest, unterscheidest du zwischen Zeitspannen und Zeitpunkten.

Zeitspanne: Vor einer Stunde und 22 Minuten hat der Film angefangen.
Zeitpunkt: Um 13.15 Uhr hat der Film angefangen.

Du fragst dich, wie spät es jetzt ist. Wie berechnest du den Zeitpunkt? Ein Rechenstrich hilft dir dabei. Wenn du die Zeitspanne in kleinere Teile zerlegst, bildest du Rechenabschnitte. Ergebnis: Es ist jetzt 14.37 Uhr (Zeitpunkt).

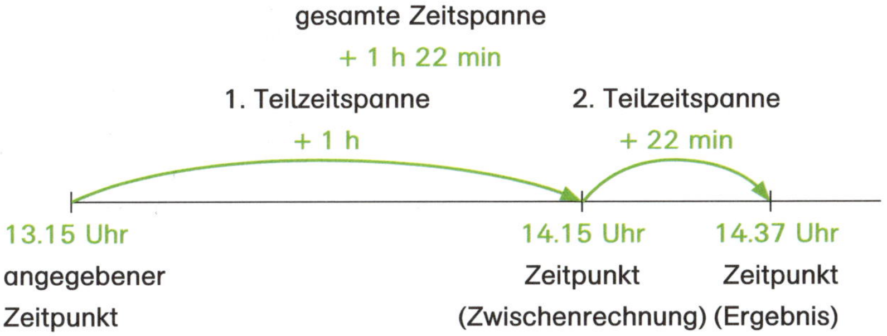

Eine Zeitspanne kannst du berechnen, wenn du die dazu gehörenden Zeitpunkte kennst.

Zeitpunkt: Die Wanderung begann um 15.30 Uhr und endete um 17.40 Uhr.

Du fragst dich, wie lange die Wanderung gedauert hat.
Ergebnis: Sie hat 2 h 10 min gedauert.

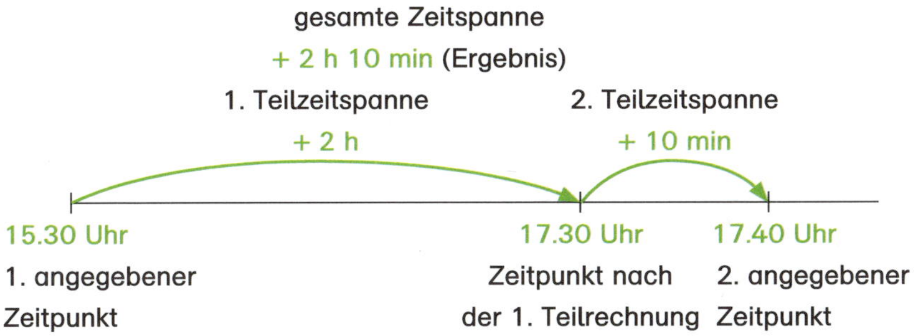

Schlag dazu auch auf Seite 77 nach.

Klasse 3 4

Die Maus hat einen Tipp für dich auf Seite 166.

Aufgabentexte verstehen

Sachaufgaben (oder: Textaufgaben) enthalten in sprachlicher Form alle Informationen, die du zur Lösung der Aufgabe brauchst.

Beachte Folgendes bei der Lösung einer Sachaufgabe:

- Lies den Text **aufmerksam** durch. Hast du verstanden, was gefragt ist? Wichtige Angaben kannst du unterstreichen.

  Ines hat eine DVD für 8,95 € im Sonderangebot gekauft. Letzte Woche war sie noch 1,60 € teurer, vor zwei Wochen musste man nochmals 1,45 € mehr bezahlen. Wie viel kostete die DVD jeweils vor einer Woche und vor zwei Wochen?

- Notier alle **Zahlen-** und **Größenangaben.**

  Die DVD kostet jetzt 8,95 €. Vor einer Woche kostete sie 1,60 € mehr. Vor 2 Wochen kostete sie nochmals 1,45 € mehr.

- Findest du die **Signalwörter,** die dir sagen, welche Rechenart du anwenden musst? Notier sie mit den Zahlen und Größenangaben zu **Aufgaben** und rechne. Das Signalwort alleine verrät dir aber nicht immer zuverlässig die Rechenart. Du musst es immer mit dem Inhalt des gesamten Textes betrachten.
  Hast du Schwierigkeiten, Signalwörter im Text zu finden, dann gehe erst einmal zum nächsten Punkt.

  Das Wort mehr deutet auf eine Addition hin:

  8,95 € + 1,60 € = 10,55 €
  (Preis der DVD vor einer Woche)
  10,55 € + 1,45 € = 12,00 €
  (Preis der DVD vor zwei Wochen)

- Kannst du zur Aufgabe eine **Skizze** anfertigen?
  Damit lassen sich die nötigen Rechenarten bestimmen.
  Ist eine Skizze nicht sinnvoll, dann veranschauliche auf andere Weise, zum Beispiel mit einem **Rechenbaum,** einer **Tabelle** oder einem **Pfeilbild.**

Schlag dazu auch auf den Seiten 128 und 129 nach.

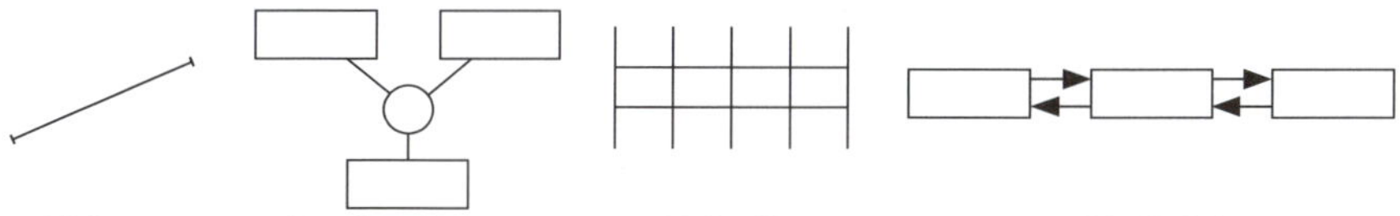

Skizze Rechenbaum Tabelle Pfeilbild

- Bei dieser Aufgabe ist es sinnvoll, mit einem Rechenbaum und einem Pfeilbild zu veranschaulichen.

Rechenbaum:

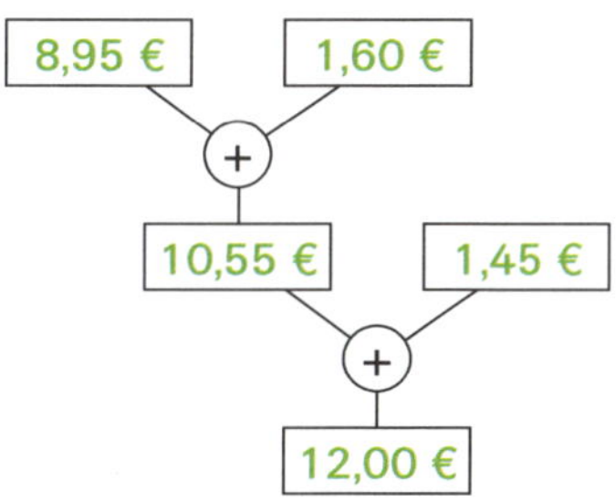

Pfeilbild:

Preis vor 2 Wochen Preis vor 1 Woche Preis heute

- Mach die Probe mit der **Umkehraufgabe:**
  12,00 € − 1,45 € = 10,55 €
  10,55 € − 1,60 € = 8,95 €

- Du kannst dein Ergebnis auch mit dem **Überschlag** vergleichen:
  9,00 € + 2,00 € = 11,00 € →
  8,95 € + 1,60 € = 10,55 €
  11,00 € + 1,00 € = 12,00 € →
  10,55 € + 1,45 € = 12,00 €

Schlag dazu auch auf Seite 100 nach.

Klasse 3 4

Geeignete Lösungswege finden

Hier findest du einige Vorschläge, wie du dir die Wege zur Lösung klarmachen kannst. Schreib dir aber auch immer deine eigenen Überlegungen zum Aufgabentext auf.

Aufgaben, bei denen du von einem Wert auf den nächsten schließen kannst, lassen sich gut mit einer **Tabelle** lösen.

Markus kauft 3 Pakete Butter. Auf dem Preisschild steht: Butter 1,29 €. Was kostet die Butter insgesamt?

Pakete Butter	Preis (€)
1	1,29
3	3,87

· 3 (links) · 3 (rechts)

Aufgaben, bei denen du Wegstrecken oder Zeitpunkte bestimmen sollst, lassen sich mithilfe einer **Skizze** oder auch eines **Rechenstriches** lösen.

Sabine und Lena kommen sich mit dem Fahrrad entgegen. Sabine hat Rückenwind und fährt 24 km pro Stunde. Lena ist langsamer, sie fährt nur 16 km pro Stunde. Nach 15 Minuten treffen sie sich. Wie weit wohnen die beiden auseinander?

Sabine fährt in 15 min 6 km.
24 km : 4 = 6 km

Lena fährt in 15 min 4 km.
16 km : 4 = 4 km

6 km + 4 km = 10 km

Lena und Sabine wohnen 10 km voneinander entfernt.

Aufgaben, die mehrere Rechenarten fordern, lassen sich mithilfe von **Rechenbäumen** verdeutlichen und lösen.

Schlag dazu auch auf Seite 127 nach.

Ein Lattenzaun hat pro Meter 6 Latten, die jeweils mit 8 Nägeln befestigt werden. Familie Sommer hat einen 7 Meter langen Zaun bestellt. Wie viele Nägel werden für den Aufbau gebraucht?

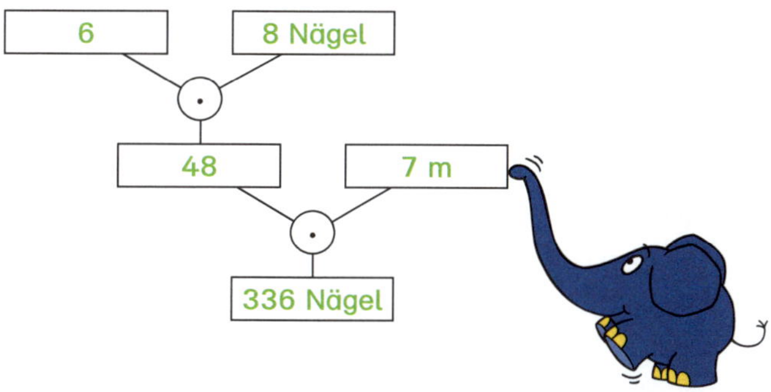

Für den Zaun werden 336 Nägel gebraucht.

Zahlenrätsel können oft mithilfe von **Pfeilbildern** gelöst werden.

Wenn ich meine Zahl verdopple, anschließend 34 addiere und dann das Ergebnis durch 3 dividiere erhalte ich 250. Wie heißt meine Zahl?

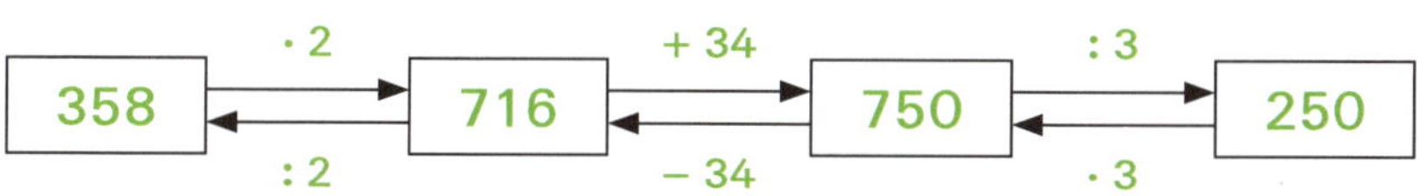

Das Ergebnis lautet 358.

Für folgende Aufgabe gibt es **keine Lösung,** denn es fehlen die Angaben, mit denen man das Taschengeld berechnen könnte:

Marie hat in diesem Monat ihr Taschengeld aufgebraucht. Im nächsten Monat will sie sich einen CD-Player für 49,90 € kaufen. Wie viel Taschengeld bekommt Marie pro Monat?

Klasse 3 4

Die Maus hat Tipps für dich auf den Seiten 167 und 168.

Mit Schaubildern arbeiten

Bei manchen Sachaufgaben musst du die Angaben aus Schaubildern entnehmen. Es gibt unterschiedliche Arten:

- Säulendiagramme
- Balkendiagramme
- Streifendiagramme
- Kreisdiagramme
- Listen, Tabellen

An diesem **Säulendiagramm** kannst du ablesen, wie viele Schüler der Klasse 3a im Monat Mai Kakao (K), Vanillemilch (V), Erdbeermilch (E) oder Milch (M) getrunken haben.

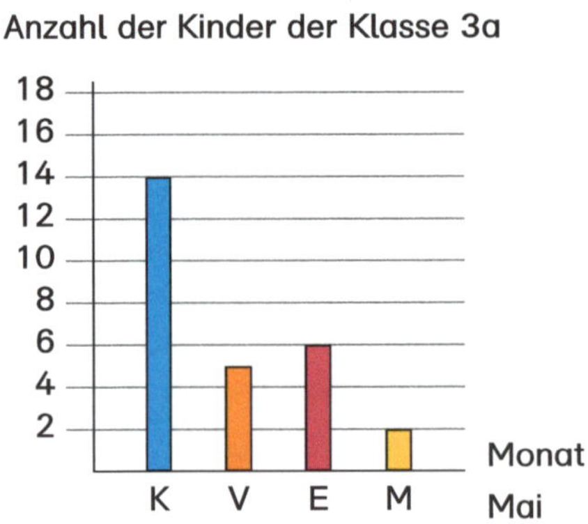

Dieses **Balkendiagramm** zeigt dir, wie viel Geld (Euro) in den letzten 4 Jahren gespendet wurde.

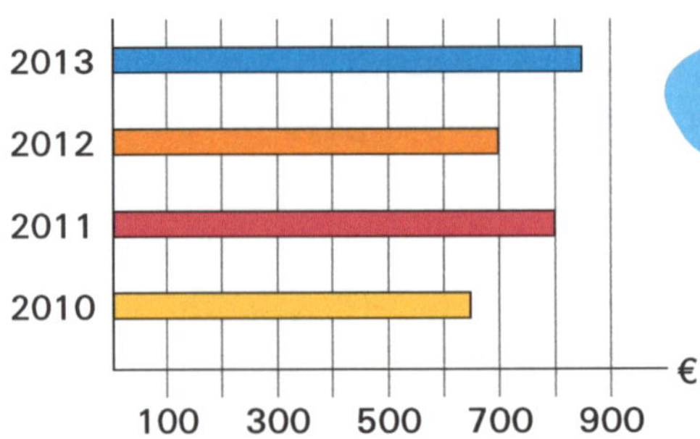

Tipp

Wenn du genauere Werte darstellen musst, nimm Millimeterpapier!

Gleiche Informationen können in unterschiedliche Schaubilder eingetragen oder von ihnen abgelesen werden.

Schüler wurden zu Ihren Lieblingsbüchern befragt: Ein Viertel der Schüler liest gerne Abenteuerbücher. Die Hälfte stöbert am liebsten in Sachbüchern. Die restlichen Schüler machten unterschiedliche Angaben.

Darstellung am Kreisdiagramm:

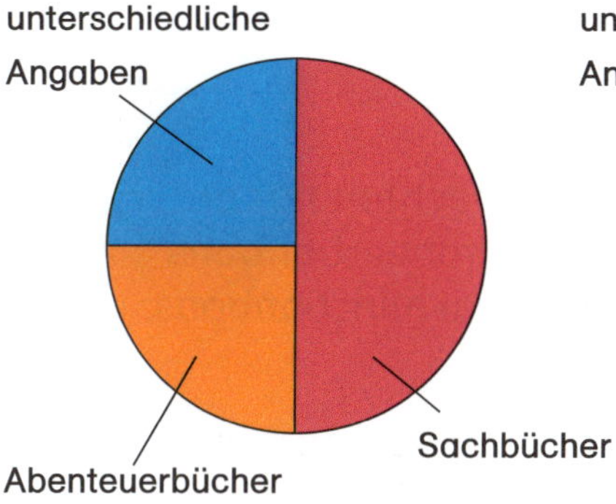

Darstellung am Streifendiagramm:

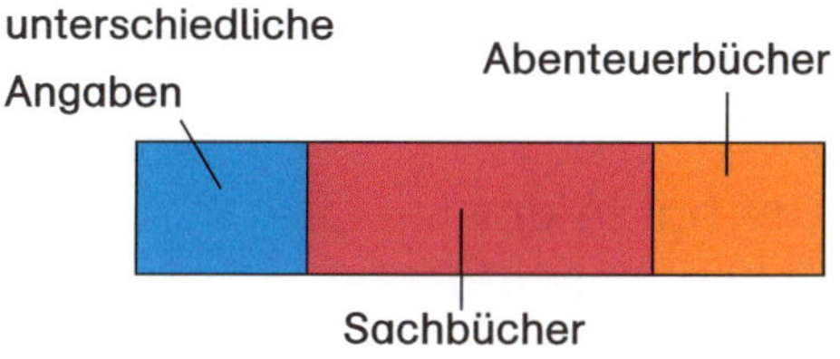

Dieser Tabelle kannst du ebenfalls Informationen entnehmen:

Die Verkehrswacht hat bekanntgegeben, wie viele Fahrzeuge ungefähr monatlich durch eine bestimmte Straße fahren.

Pkw	4 250
Lkw	500
Zweiräder	250

Kleinere Mengen können in Strichlisten dargestellt werden.

Martin wollte wissen, wie viele Male er würfeln muss, um 3 Sechser zu bekommen. Für jeden Versuch machte er einen Strich.

Schlag dazu auch auf Seite 26 nach.

Klasse 4

Wahrscheinlichkeiten voraussagen

Sicher hast du schon einmal überlegt, welcher Weg über die Straße wohl der sicherste ist, wenn es mehrere Möglichkeiten gibt oder welche Fußballmannschaft bessere Gewinnchancen hat.

Mit solchen Möglichkeiten und wahrscheinlichen Ereignissen beschäftigt sich die Mathematik auch.

Chancen einschätzen

Tim hat in der linken Hosentasche drei Minzbonbons und zwei Himbeerbonbons.

In der rechten hat er zwei Himbeerbonbons und zwei Minzbonbons.

Wenn er nur einmal in eine Tasche greifen darf und möglichst ein Minzbonbon erwischen will, welche Tasche soll er dann am besten wählen?

Die Chance ist links größer, weil dort mehr Minzbonbons sind.

Möglichkeiten berechnen

Wie oft müsste Tim in die linke Hosentasche greifen, um mindestens ein Minzbonbon zu erwischen?

Das Wort *mindestens* weist darauf hin, dass eine genaue Antwort hier möglich ist:
Tim müsste 3 Mal in die Tasche greifen.

Wahre und falsche Aussagen

Aussagen können wahr **(w)** oder falsch **(f)** sein. Für die richtige Entscheidung ist genaues Lesen und Verstehen hier sehr wichtig.

Wenn die Sonne mittags scheint, ist es Nacht. **(f)** Als der See begann zu gefrieren, lag die Temperatur unter null Grad. **(w)**

Aussagen, die nicht eindeutig entschieden werden können

Wenn die Straße nass ist, hat es geregnet.

Hier kannst du sagen:
- das ist **nicht sicher oder**
- es ist **wahrscheinlich oder**
- das ist **möglich**

Skizzen und Schaubilder

Bei manchen Aufgaben aus dem Bereich der Wahrscheinlichkeit helfen dir **Skizzen** oder **Schaubilder** weiter.

Wenn du z. B. herausfinden sollst, wie viele **Kombinationsmöglichkeiten** es gibt, die 4 Farben grün, gelb, blau und rot nebeneinander so anzuordnen, dass grün immer links und nie neben rot liegt.

Skizze: 1.
2.
3.
4.

Nun kannst du schon mit einem Blick erkennen, wie viele Möglichkeiten es gäbe, wenn grün immer links liegen soll und rot nie neben grün liegen darf. Es gibt hier vier verschiedene Kombinationsmöglichkeiten.

Tipp

Fertige eine Skizze immer nach einem bestimmten Muster an. So erreichst du dein Ziel schneller und sicherer. Gehe also systematisch vor.

Klasse 1 2

Die Lage von Dingen beschreiben

Die **Geometrie** befasst sich mit Flächen und Figuren in der Ebene und im Raum.

Erste geometrische Beobachtungen kannst du machen, wenn du die Lage von Figuren oder Gegenständen in einem Raum zueinander beschreibst.

Betrachte die beiden Quadrate und ihre Lagen zueinander:

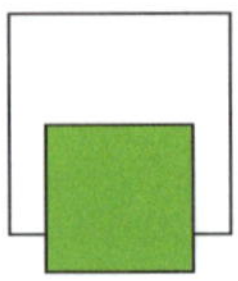

- Die grüne Figur ist **vor** der weißen.
- Die weiße Figur ist **hinter** der grünen.

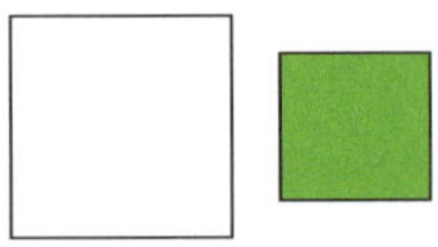

- Die grüne Figur ist **rechts neben** der weißen.
- Die weiße Figur ist **links neben** der grünen.

- Die grüne Figur ist **über** der weißen.
- Die weiße Figur ist **unter** der grünen.

- Die grüne Figur ist **innerhalb** der weißen.

Weitere Präpositionen, mit denen du Lagen beschreiben kannst, sind: *an, auf, außerhalb* und *zwischen.*

Je nach Anhaltspunkt kannst du die Lage einer Figur auf verschiedene Weisen beschreiben:

Das Glas steht auf dem Tisch und rechts neben dem Teller. Es steht vor der Salatschüssel und hinter dem Messer.

Von einer Lage in die nächste

Wenn noch Bewegungen ins Spiel kommen, musst du weitere erklärende Wörter benutzen:

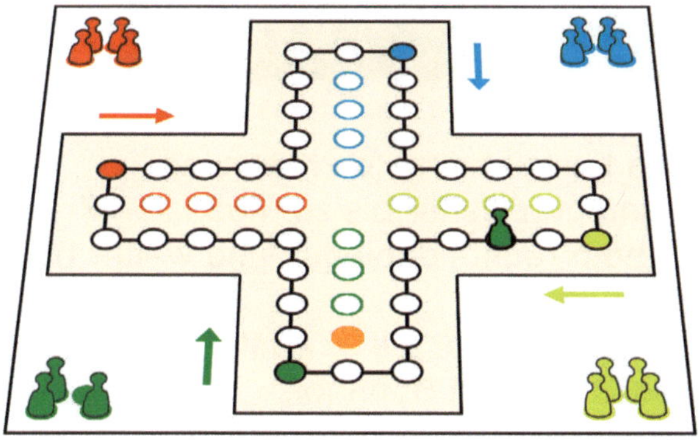

Um mit der grünen Figur das orangefarbene Feld zu erreichen, musst du folgenden Weg laufen:

- zwei Felder nach **links,**
- vier Felder nach **unten,**
- ein Feld nach **links,**
- ein Feld nach **oben.**

Schlag dazu auch auf Seite 134 nach.

Klasse 2

Wege finden

Wege beschreibst du mit Richtungsangaben und Orientierungsangaben.

Hier siehst du eine Wegbeschreibung zum Bahnhof mit Richtungsangaben und Orientierungsabgaben:

- Geh geradeaus bis zur nächsten Kreuzung,
- bieg links ab und geh weiter bis zur nächsten Kreuzung,
- hier musst du halb rechts abbiegen und weiter bis zum Kreisverkehr laufen,
- Im Kreisverkehr nimmst du die 3. Ausfahrt und gehst weiter geradeaus bis zum Bahnhof.

Ansichten benennen

Klasse 2 3

Von verschiedenen Seiten aus betrachtet wirkt die Lage von Dingen unterschiedlich und wird auch unterschiedlich beschrieben.

Eine umfassende Übersicht bietet der **Grundriss.** Mit seiner Hilfe kannst du verschiedene **Seitenansichten** erkennen und benennen.

Schlag dazu auch auf Seite 155 nach.

Diese zwei Figuren sind auf dem Grundriss dargestellt:

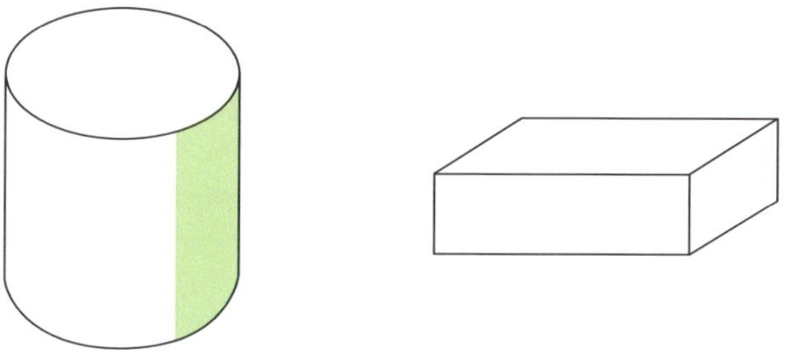

N

W 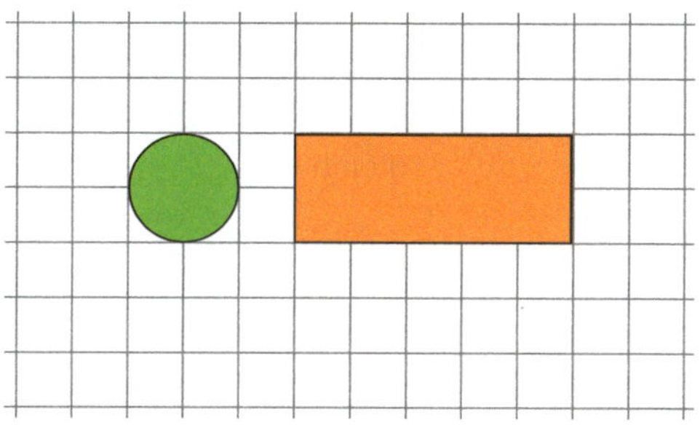 O

S

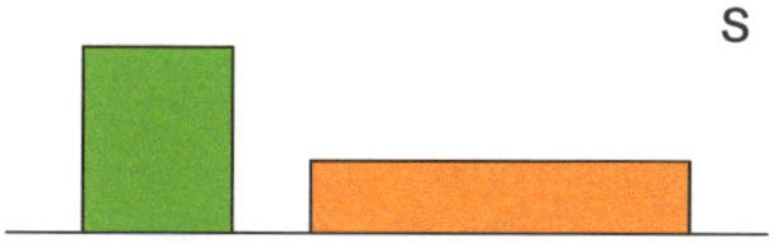

Seitenansicht von Süden

Seitenansicht von Westen

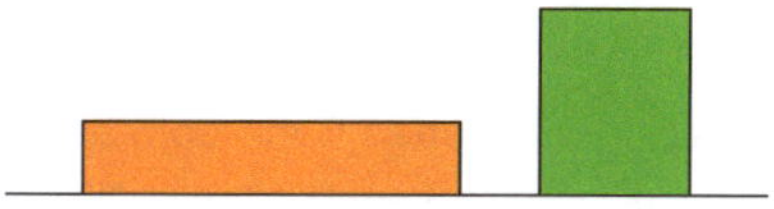

Seitenansicht von Norden

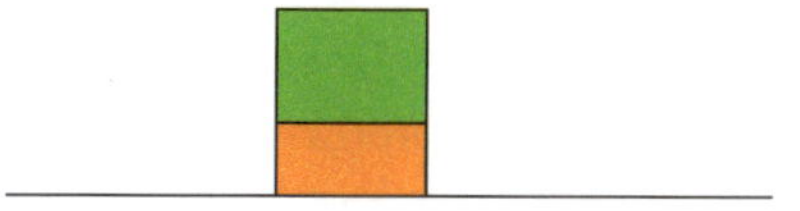

Seitenansicht von Osten

Klasse 3 4

Schlag dazu auch auf Seite 152 nach.

Vielecke betrachten

Flächen, die von Geraden begrenzt sind, werden nach der Anzahl ihrer Ecken benannt.

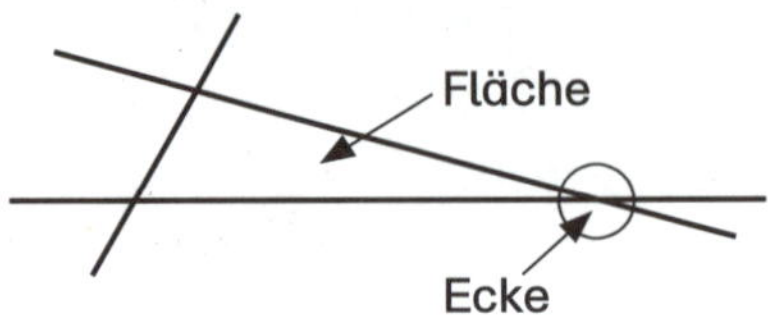

Dreieck

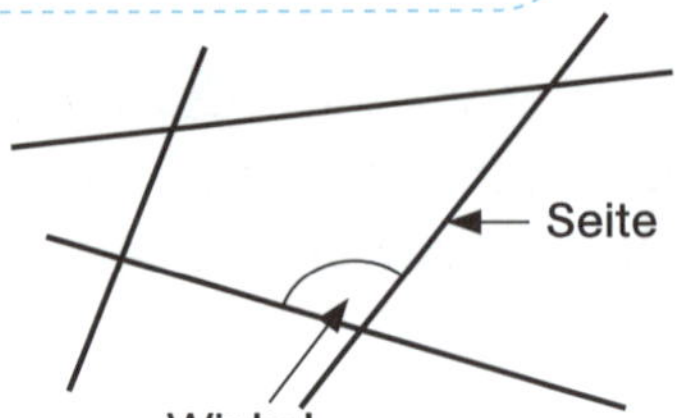

Viereck

Flächen, die besondere Eigenschaften haben, haben auch besondere Namen:

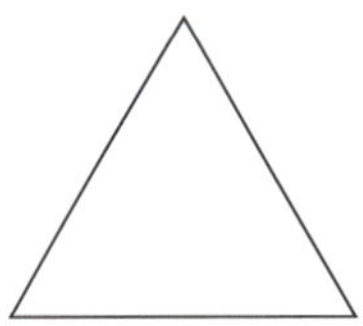

gleichseitiges Dreieck
(Alle Seiten sind gleich lang.)

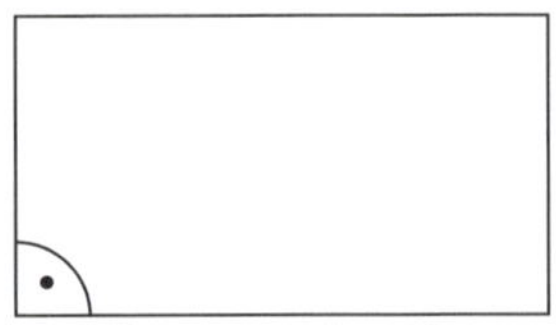

Rechteck
(Es hat vier rechte Winkel, die gegenüberliegenden Seiten sind gleich lang.)

gleichschenkliges Dreieck
(Zwei Seiten (Schenkel) sind gleich lang.)

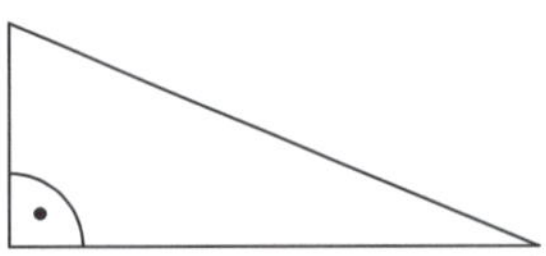

rechtwinkliges Dreieck
(Es hat einen rechten Winkel, da zwei der Seiten senkrecht aufeinanderstehen.)

Quadrat
(Es ist ein spezielles Rechteck, bei dem alle 4 Seiten gleich lang sind.)

Regelmäßige Vielecke

Die Seiten der regelmäßigen Vielecke sind jeweils gleich lang. Wenn du Vielecke in einem Kreis anordnest, berührt jede Ecke die Kreislinie.

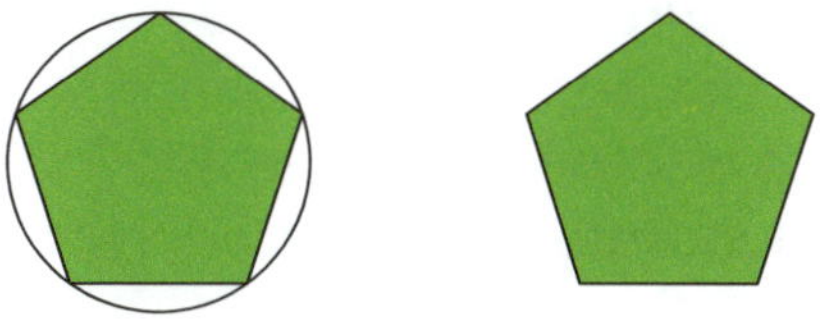

Fünfeck

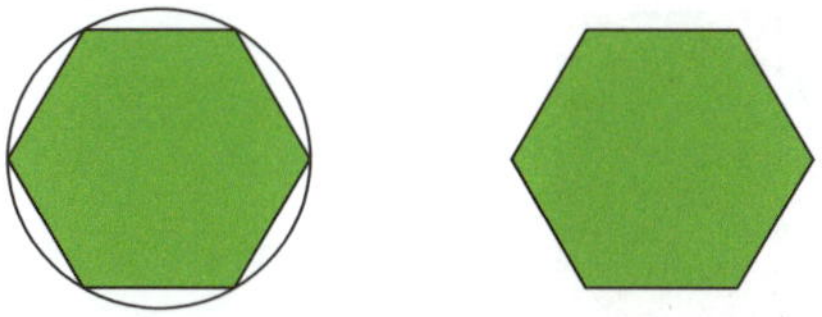

Sechseck

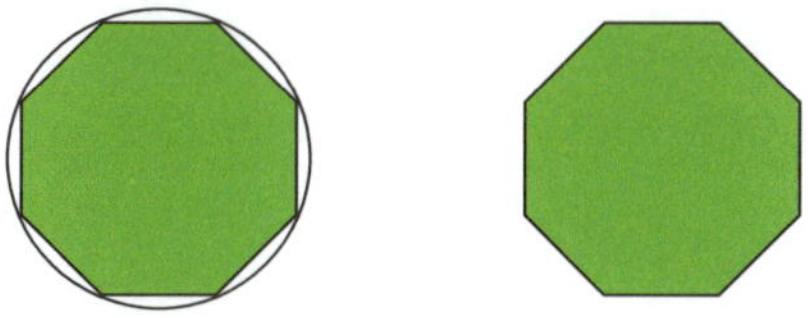

Achteck

Klasse 1 2 3 4

Figuren legen

Mit Figuren aus Holz oder Kunststoff kannst du gut geometrische Zusammenhänge entdecken und verschiedene Muster und Figuren legen.

Geometrische Zusammenhänge

Nimm dir mehrere quadratische Figuren. Das kleinste Quadrat besteht aus einer Figur. Um das nächstgrößere Quadrat zu bilden, brauchst du 3 weitere Quadrate. Es besteht dann aus insgesamt 4 Quadraten. Für das nächste sind 9 Quadrate nötig.

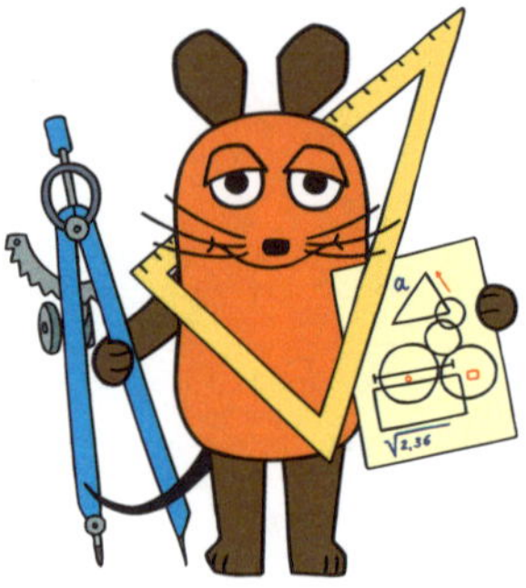

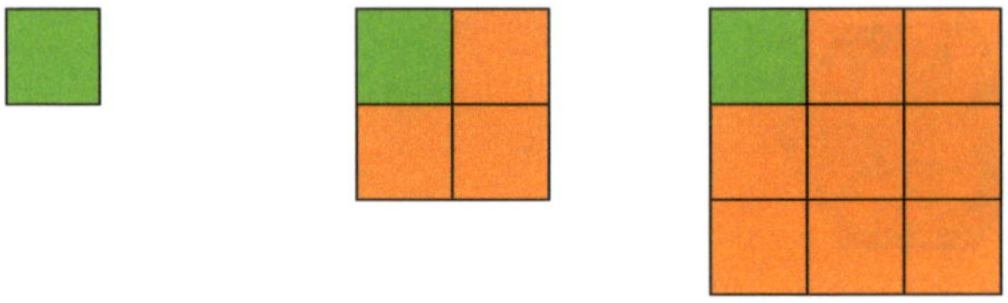

Mit rechtwinkligen Dreiecken kannst du Rechtecke legen. Die Grundfläche der beiden Dreiecke ist so groß wie die des Rechtecks.

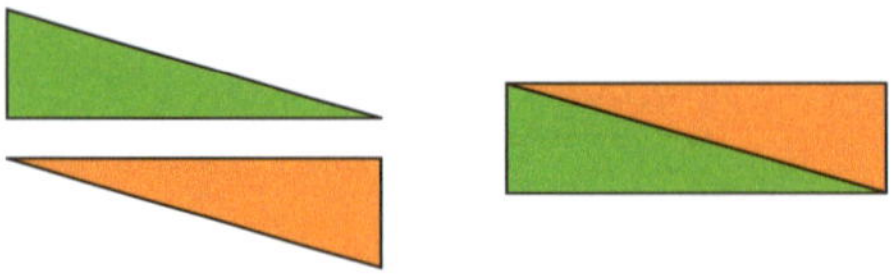

Figuren

Mit ebenen Figuren kannst du freie Figuren legen wie zum Beispiel Gebäude oder auch Tiere. Hier siehst du eine Maus.

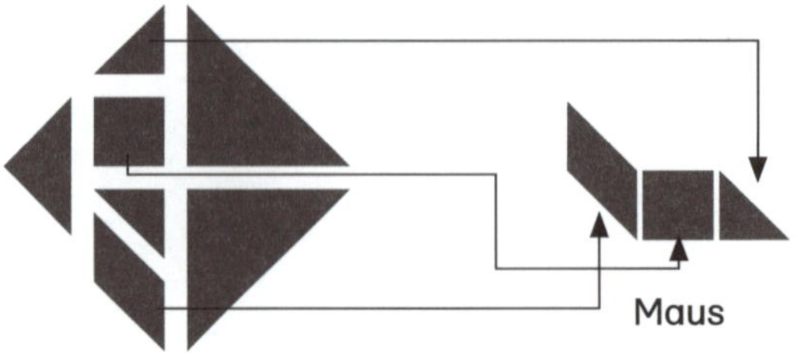

Du kannst beliebige **Muster** erfinden. Wenn du ein Grundmuster aneinanderlegst, lässt es sich beliebig fortführen.

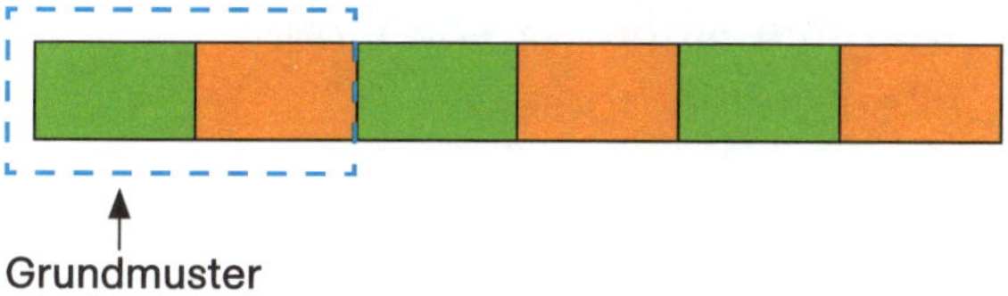

Verschiedene Muster kannst du abwechselnd zu **Ornamenten** zusammenfügen.

Wenn du Flächen mit gleichen Figuren ausfüllst, die ohne Zwischenraum aneinanderpassen, bildest du **Parkette.** Man nennt das Ausfüllen *parkettieren.*

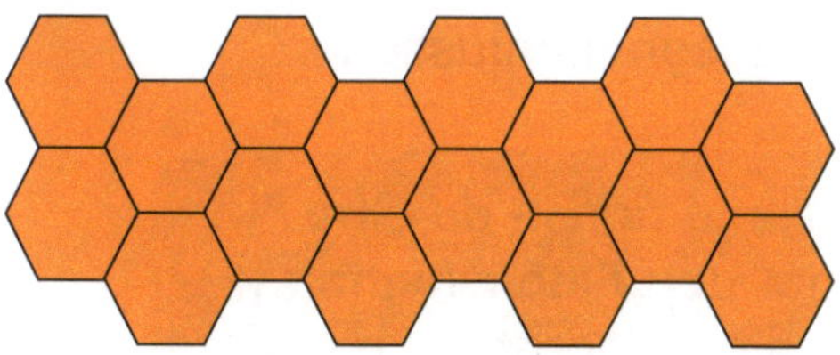

Tipp

Schau dir mal Bienenwaben an, die bilden auch ein Parkett!

Klasse 4

Figuren berechnen

Du erhältst den **Umfang** (U) einer ebenen Figur, wenn du alle ihre Seitenlängen addierst.

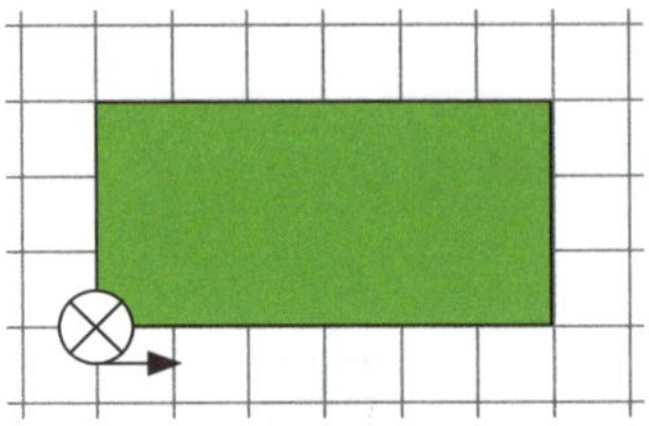

U = 3 cm + 1,5 cm + 3 cm + 1,5 cm
= 9 cm

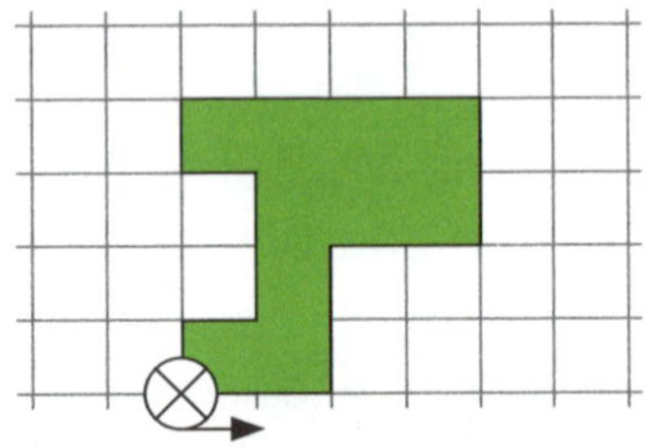

U = 1 cm + 1 cm + 1 cm + 1 cm +
2 cm + 0,5 cm + 0,5 cm +
1 cm + 0,5 cm + 0,5 cm
= 9 cm

Hättest du gedacht, dass diese beiden Figuren denselben Umfang haben? Damit die Rechnung einfacher wird, darfst du alle Werte natürlich auch zusammenfassen.

Die Menge aller Quadrate, mit denen du eine Fläche auslegen kannst, bildet den **Flächeninhalt** (F). Als Maßeinheit kannst du die Quadrate in deinem Heft nehmen oder das Zentimeterquadrat.

 1 Kästchen

 $\frac{1}{2}$ Kästchen

 1 Zentimeterquadrat

$\frac{1}{2}$ Zentimeterquadrat

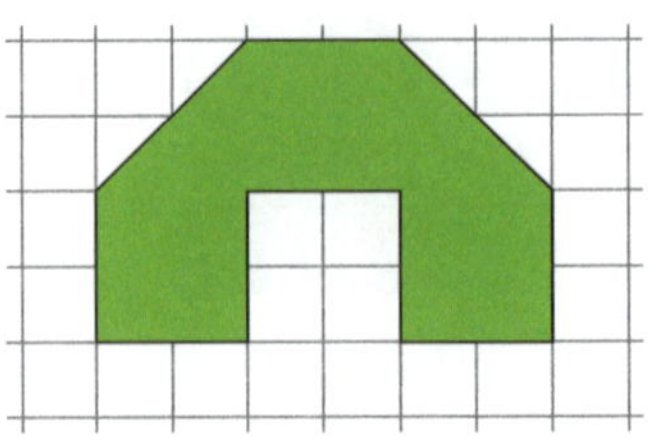

F = 16 Kästchen
oder
F = 4 Zentimeterquadrate

Der Kreis

Klasse 4

Die Maus hat einen Tipp für dich auf Seite 172.

Der Kreis ist eine besondere geometrische Figur. Du kannst an der Begrenzungslinie keine Ecken erkennen. Zur Konstruktion von Kreisen eignen sich Zirkel besonders gut.

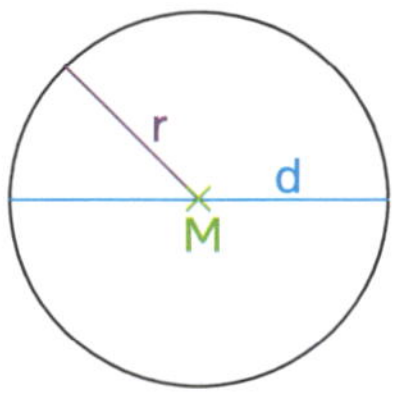

Kreislinie
Mittelpunkt (M)
Radius (r)
Durchmesser (d)

Jeder Kreis hat einen **Mittelpunkt** (M). Begrenzt wird der Kreis von der **Kreislinie.**

Der **Radius** (r) ist die Strecke zwischen Mittelpunkt und Kreislinie. Der **Durchmesser** (d) ist doppelt so groß wie der Radius.

Muster

Mit Kreisen lassen sich auch viele Muster bilden.

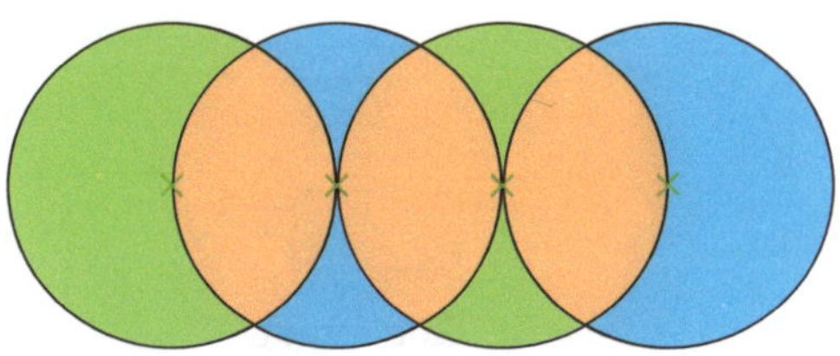

Klasse 4

Körper und Körpernetze

Schlag dazu auch auf Seite 152 nach.

Räumliche Gebilde, die sich aus ebenen Figuren (Flächen) zusammensetzen, heißen **geometrische Körper.** Verschiedene zusammenhängende Flächen, die du zusammenfalten kannst, heißen **Körpernetze.** Wenn du sie zusammenklappst, entsteht ein geometrischer Körper.

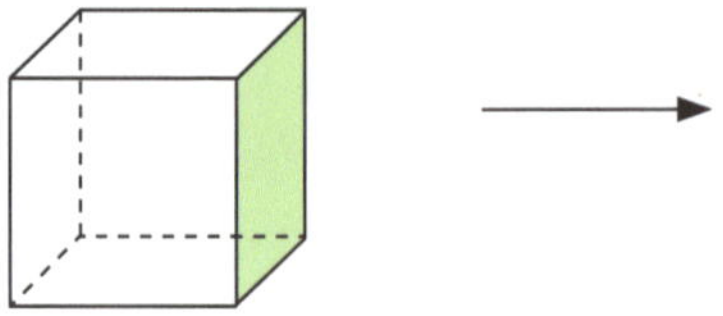

Würfel

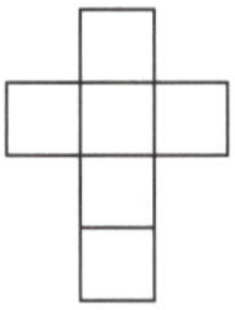

Würfelnetz

Würfelnetz

Aber nicht alle zusammenhängenden Flächen ergeben Körpernetze. Das hier sind keine Würfelnetze:

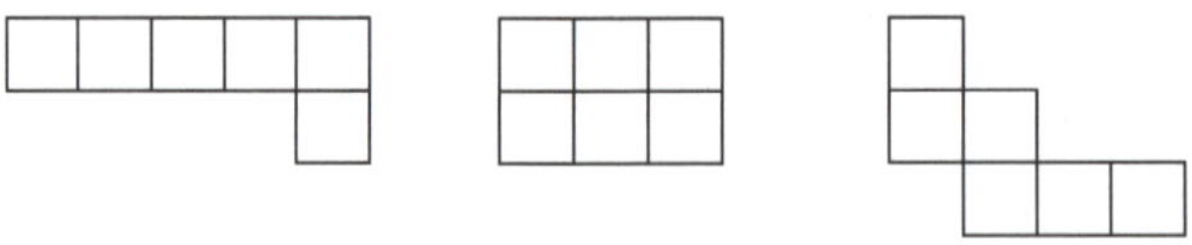

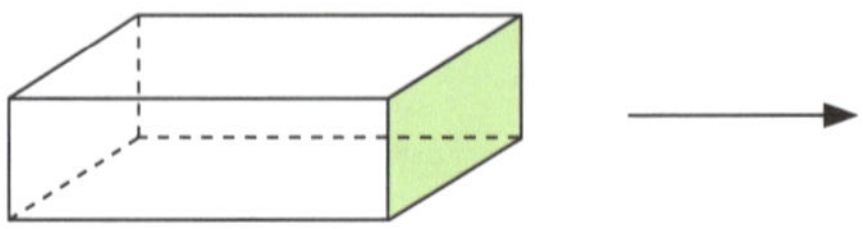

Quader

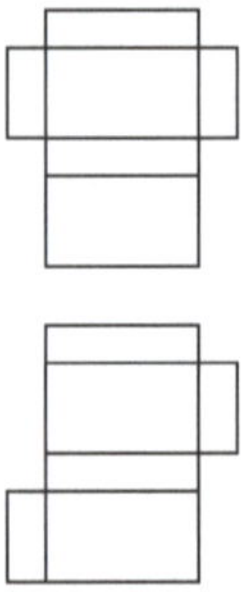

Quadernetz

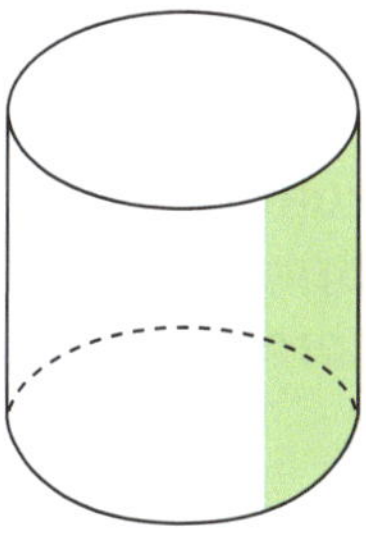

Zylinder

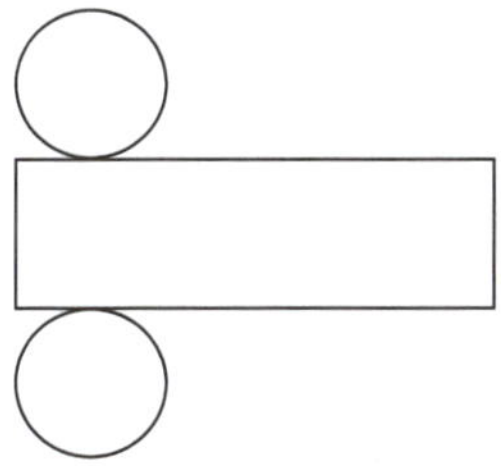

Zylindernetz

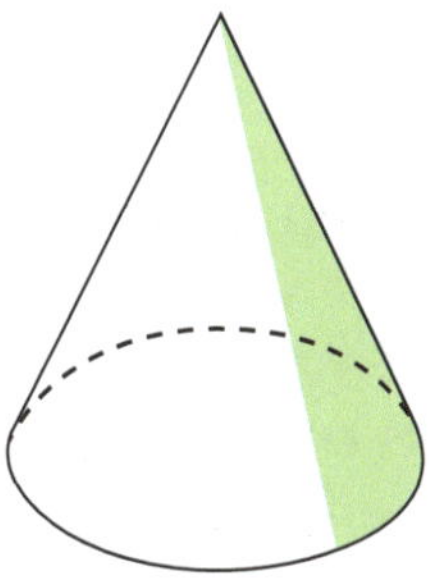

Kegel

Kegelnetz

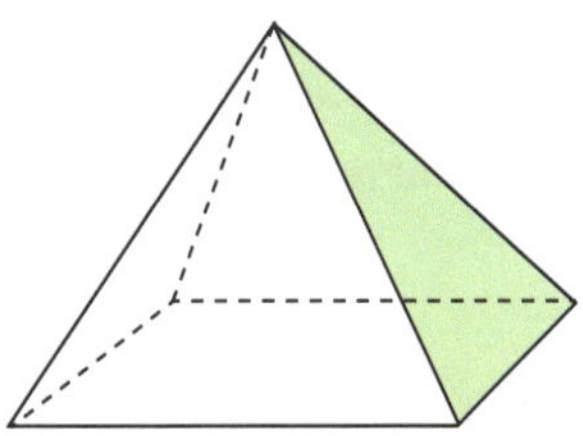

Pyramide

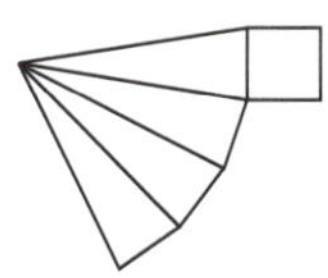

Pyramidennetz

Kugel

Tipp

Nur Kugeln können nicht durch Körpernetze gebildet werden!

Klasse 4

Figuren vergrößern und verkleinern

Dinge, die in Wirklichkeit sehr groß sind, zum Beispiel ein Haus, eine Straße oder die Fläche eines Spielplatzes, lassen sich auf dem Papier nur **verkleinert** darstellen.

Manche Dinge sind aber auch so klein, dass man sie **vergrößert** zeigt, wie zum Beispiel Insekten oder Lebewesen, die man nur mit dem Mikroskop sehen kann.
Damit man weiß, um wie viel die Abbildung vergrößert oder verkleinert wurde, ist ein Maßstab angegeben.

Der **Maßstab** gibt das Verhältnis zwischen einer auf dem Papier gezeigten Größe und der wirklichen Größe in der Natur an. Er zeigt, um wie viel eine Darstellung verkleinert oder vergrößert abgebildet ist. Die erste Zahl gibt die Größe auf dem Papier an, die zweite die Größe in der Wirklichkeit.

Tipp

Steht zuerst die kleinere Zahl, ist das Bild verkleinert worden, steht zuerst die größere Zahl, dann ist es vergrößert worden.

Maßstab 1 : 100
Hier bedeutet der Maßstab von 1 : 100 (sprich *1 zu 100*), dass die Abbildung des jungen Elefanten auf dem Papier 100-mal kleiner ist. 1 cm auf dem Bild entsprechen 100 cm in der Wirklichkeit.

Maßstab 5 : 1
Hier bedeutet der Maßstab von 5 : 1 (sprich *5 zu 1*), dass die Abbildung des Marienkäfers 5-mal so groß ist, wie in Wirklichkeit. 5 cm auf dem Bild entsprechen 1 cm in der Wirklichkeit.

Maßstabsgetreu oder maßstäblich ist eine Abbildung, wenn Zeichnung und Wirklichkeit gleich groß sind, also den **Maßstab 1 : 1** haben.

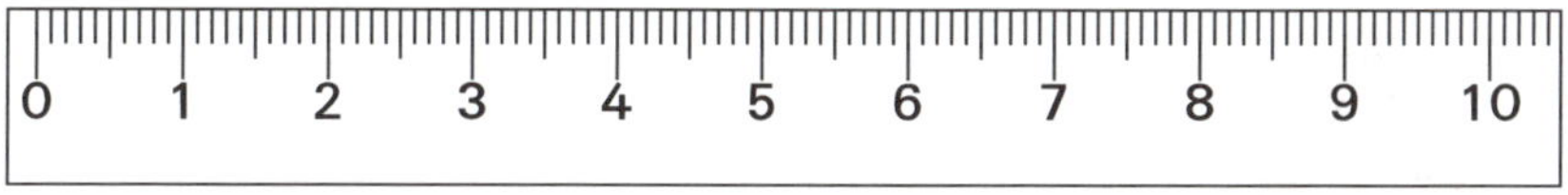

Um die wirklichen Maße einer **verkleinerten Abbildung** zu berechnen, miss die Länge einer Strecke auf der Abbildung, und **multiplizier** sie mit der angegebenen Maßstabszahl.

Beim Elefanten beträgt zum Beispiel die Strecke von der Stirn bis zum Hinterteil in der Abbildung 3,5 cm.

$3{,}5\text{ cm} \cdot 100 = 350\text{ cm} = 3{,}5\text{ m}$

In Wirklichkeit ist die Strecke also 3,5 m lang.

Um die wirklichen Maße einer **vergrößerten Abbildung** zu berechnen, miss die Länge einer Strecke auf der Abbildung, und **dividier** sie durch die angegebene Maßstabszahl.

Beim Marienkäfer ist die Strecke vom hinteren Teil bis zum Kopf 4 cm lang.

$4\text{ cm} : 5 = \square$

$40\text{ mm} : 5 = 8\text{ mm}$

In Wirklichkeit beträgt die Strecke also 8 mm.

Klasse 3 4

Symmetrieachsen

Viele Gegenstände in deiner Umgebung haben zwei gleiche Seiten. Es sind **achsensymmetrische Figuren:**

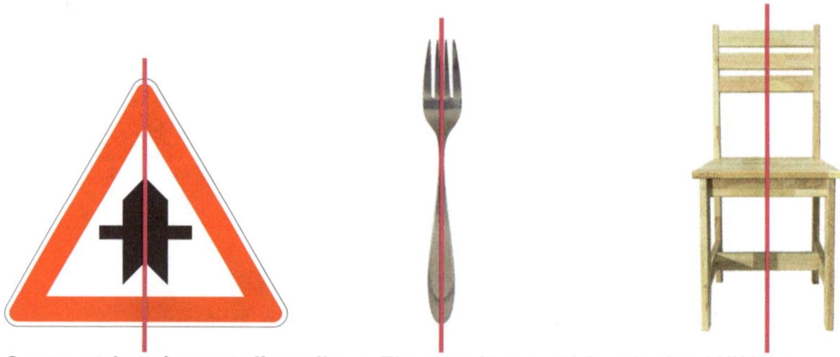

Symmetrieachsen teilen diese Figuren in zwei identische Hälften.

Die **Symmetrieachse** einer Figur ist eine Gerade mit folgender Eigenschaft: Alles, was auf der einen Seite der Achse liegt, besteht auch auf der anderen Seite jeweils im gleichen Abstand zur Achse. Das ist so, als würdest du auf der Achse einen Spiegel ansetzen. Deshalb wird die Achse auch **Spiegelachse** genannt.

Geometrische Figuren können keine, eine oder auch mehrere Symmetrieachsen haben:

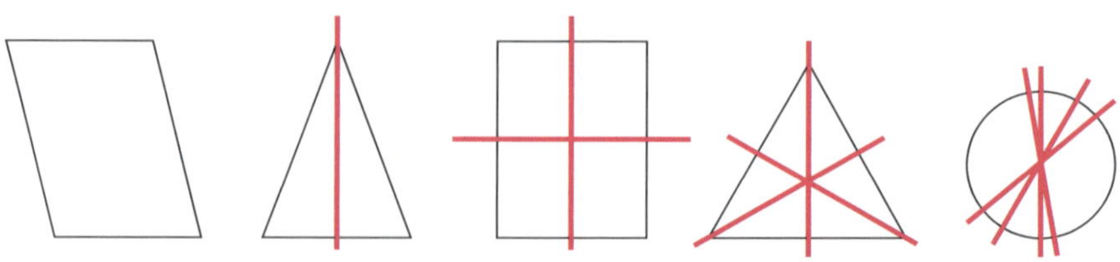

Figuren spiegeln

Klasse 3 4

Figuren kannst du mit einem Handspiegel auf ihre Achsensymmetrie hin prüfen. Setz den Spiegel auf die Mitte der Figur und vergleich die Spiegelung und die Hälfte der Figur, die *hinter* dem Spiegel liegt. Sind sie gleich, handelt es sich um eine Symmetrieachse (oder: Spiegelachse).

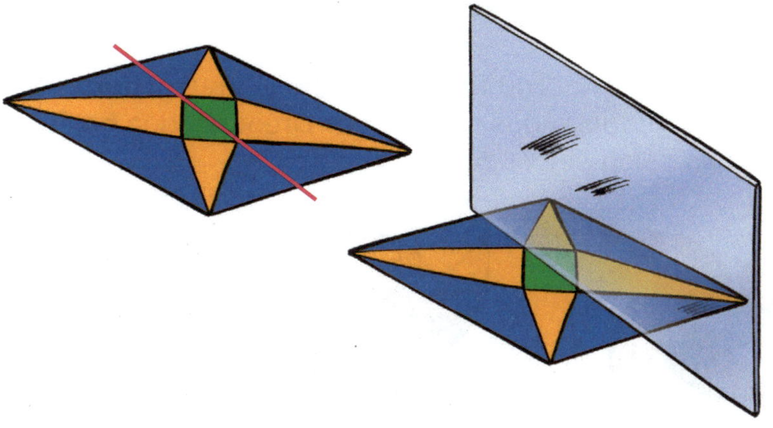

Mithilfe eines Spiegels kannst du auch die Spiegelbilder zu einer Symmetrieachse selbst zeichnen.

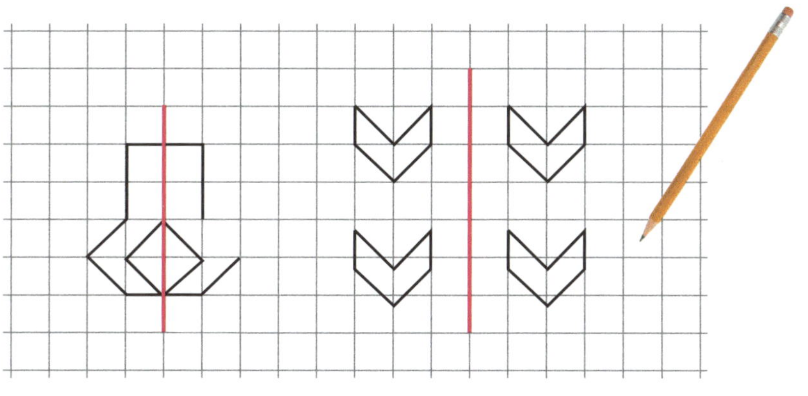

Tipp

Kannst du die Figuren auch schon ohne Spiegel zeichnen? Auf dem Karopapier geht das ganz leicht!

Klasse 4

Figuren drehen

Eine Figur ist **drehsymmetrisch,** wenn sie durch Drehung um ihren Mittelpunkt und um einen bestimmten Drehwinkel wieder mit sich selbst zur Deckung kommt, also **deckungsgleich** ist. Form *und* Farbe müssen hierbei beachtet werden.

Du drehst ein Windrad um eine halbe Drehung, dann sieht es wieder genauso aus wie vor der Drehung, das heißt, es kommt mit sich selbst zur Deckung.

1. Ausgangsposition 2. Vierteldrehung 3. halbe Drehung

Tipp

Drehsymmetrische Figuren sind seltener als achsensymmetrische.

Schlag dazu auch auf Seite 148 nach.

Typische drehsymmetrische Objekte haben oft sogar unendlich viele Symmetrieachsen wie etwa der Kreis, die Kugel, der Zylinder oder der Kegel.

Klasse 4

Figuren verschieben

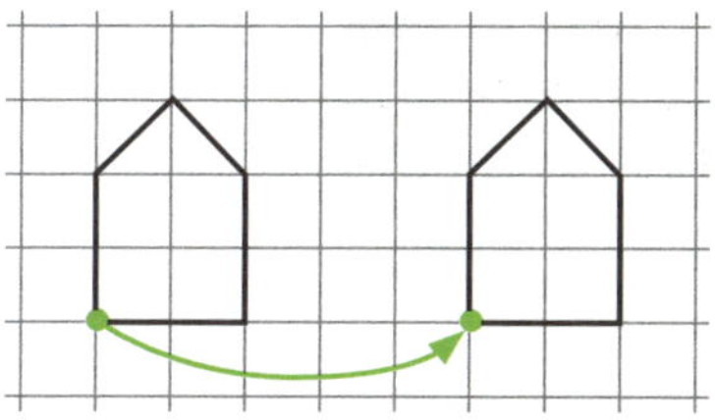

Das Häuschen ist um 5 Kästchen nach rechts verschoben worden.

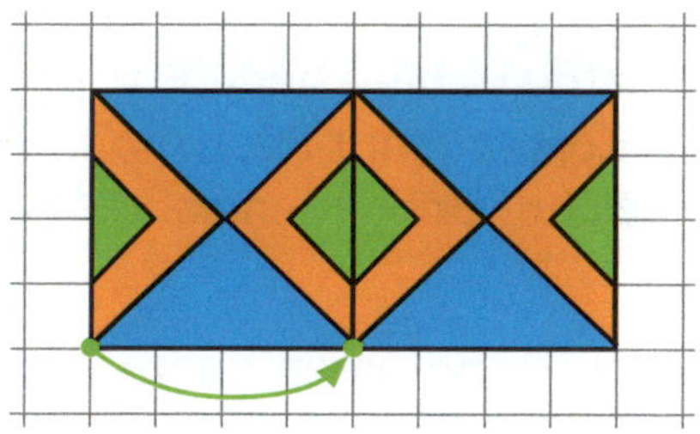

Die Figur ist um 4 Kästchen nach rechts verschoben worden.

Verschiebt man eine Figur mehrere Male, entsteht ein **Muster:**

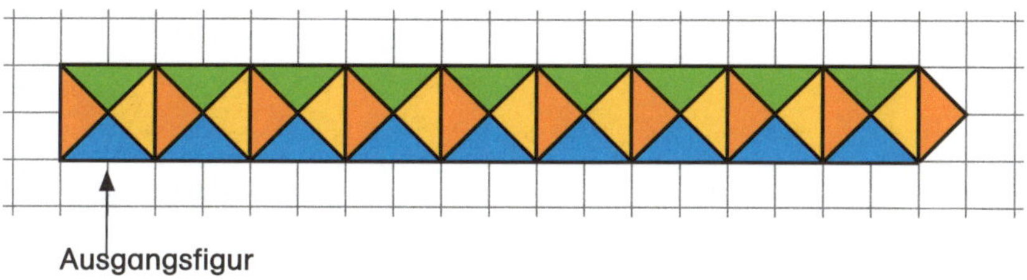

Bandornamente oder Friese sind Muster, die gebildet werden, wenn du eine Figur in einer Richtung immer wieder aneinandersetzt. Das nennt man **Verschiebung.** Die neu entstandenen Figuren sind symmetrisch zur Ausgangsfigur.

Ein Fries kann auch entstehen, wenn eine Figur zuerst gedreht und dann verschoben wurde.

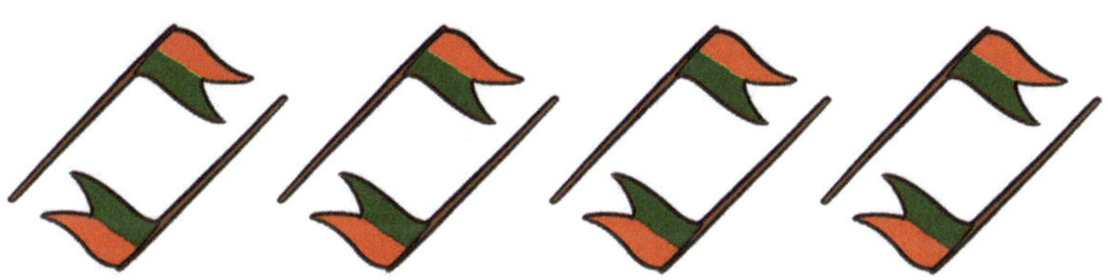

Klasse 3 4

Schlag dazu auch auf den Seiten 138, 144 und 145 nach.

Körper und ihre Eigenschaften

Anders als ebene Figuren sind **geometrische Körper** nicht flach, sondern sie haben **räumliche** (dreidimensionale) **Formen.**

Die bekanntesten geometrischen Körper sind:

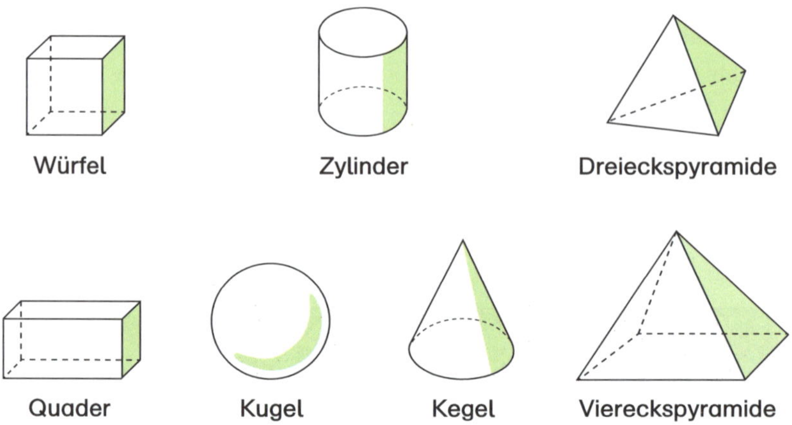

Körper können ebene oder gekrümmte Flächen, Kanten und Ecken haben.

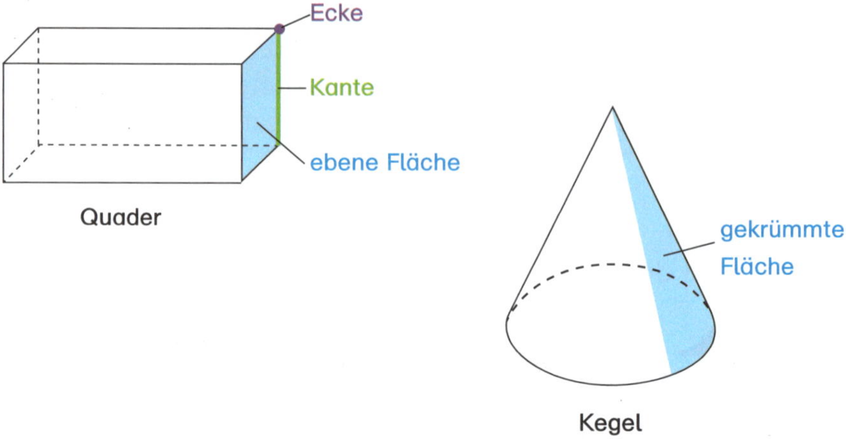

Tipp

Die Tabelle zeigt dir, wie viele Ecken, Kanten und Flächen die links dargestellten Körper haben!

	Ecken	Kanten	Flächen
Würfel	8	12	6 ebene Flächen – hier: 6 gleich große Quadrate
Quader	8	12	6 ebene Flächen – hier: 6 Rechtecke, die gegenüberliegenden Flächen sind immer gleich
Zylinder	0	2	3 Flächen – hier: 2 Kreise, die sich gegenüberliegen, 1 gekrümmtes Rechteck
Kugel	0	0	1 gekrümmte Fläche, die nicht aufklappbar ist
Dreieckspyramide	4	6	4 ebene Flächen – hier: 4 Dreiecke
Viereckspyramide	5	8	5 ebene Flächen – hier: 4 Dreiecke und 1 Viereck
Kegel	1	1	2 Flächen – hier: 1 Kreis, 1 gekrümmtes Dreieck mit einer gebogenen Seite

Klasse 4

Mit Würfeln bauen

Aus mehreren gleich großen Würfeln lassen sich interessante Gebäude erstellen. Zu jedem **Würfelgebäude** kannst du einen **Bauplan** anfertigen. Dieser gibt genau an, an welcher Stelle wie viele Würfel vorgesehen sind.

Schlag dazu auch auf den Seiten 152 und 153 nach.

Würfelgebäude

3	2	1
3	2	1
2	1	1

Bauplan

Mithilfe des Bauplans kannst du am Ende ganz einfach ausrechnen, aus wie vielen Würfeln das Gebäude insgesamt besteht:

3 + 2 + 1 + 3 + 2 + 1 + 2 + 1 + 1 = 16 Würfel

Wenn du einen Bauplan erstellst, darfst du nicht vergessen, auch die Würfel anzugeben, die versteckt hinter anderen Würfeln liegen!

Umgekehrt kannst du auch nach jedem Bauplan das entsprechende Würfelgebäude bauen.

0	0	2
3	2	3
1	0	1

Quader kippen

Klasse 4

Einen geometrischen Körper kannst du von verschiedenen Seiten aus betrachten: von vorn und hinten, von oben und unten sowie von der Seite. Je nachdem, von welcher Seite du schaust, sieht der Körper oft unterschiedlich aus. Hier siehst du ein **Schrägbild:**

Schlag dazu auch auf Seite 137 nach.

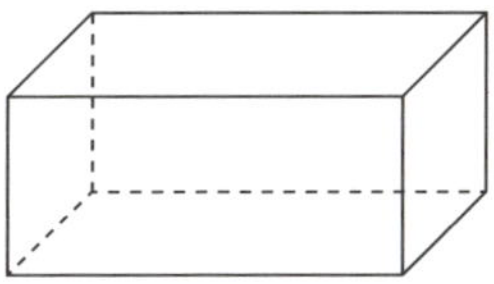

von vorne und hinten:	von links und rechts:	von oben und unten:

Du kannst die Lage eines Körpers natürlich auch selbst verändern, wenn du ihn kippst und drehst.

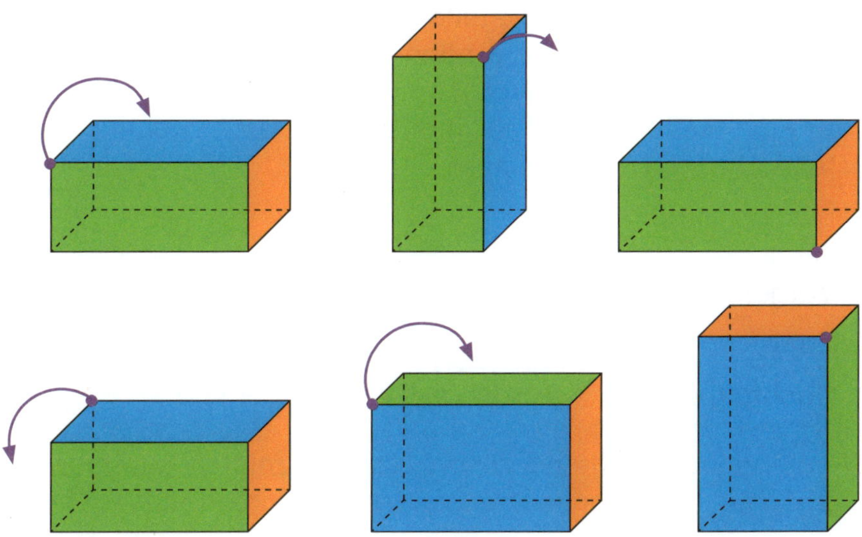

Umgang mit Zahlen und -räumen

So kannst du Dinge schnell zählen

Schlag dazu auch auf Seite 26 nach.

Wenn du größere Mengen auf einem Blatt zählen musst, kann es leicht passieren, dass du dich verzählst.

So geht es besser:
Leg ein Lineal in die Reihe, in der du bist. Du kannst die Gegenstände, die du bereits gezählt hast, durchstreichen. Sind die Dinge in Reihen angeordnet, hilft es, wenn du die Anzahl der Sachen hinter die Reihe schreibst. Zum Schluss addierst du alle Zahlen, die hinter den Reihen stehen.

So bildest du Nachbarzahlen

Um dir Nachbarzahlen besser vorzustellen, kannst du deine Zahl in eine **Stellenwerttafel** schreiben. Willst du den **Vorgänger** herausfinden, ziehst du einen Einer ab. Suchst du den **Nachfolger,** addierst du einen Einer dazu.

Bei einer 9 auf der Einerstelle musst du den nächsthöheren Zehnerstellenwert um 1 erhöhen, wenn du den Nachfolger suchst. Suchst du den Vorgänger und hast die Ziffer 0 auf der Einerstelle vor dir, musst du den nächsten Zehnerstellenwert um 1 verkleinern.

	H	Z	E
Vorgänger	1	2	8
Zahl	**1**	**2**	**9**
Nachfolger	1	3	0

	H	Z	E
Vorgänger	2	4	9
Zahl	**2**	**5**	**0**
Nachfolger	2	5	1

Auch bei der Suche nach dem Nachbarzehner, Nachbarhunderter oder Nachbartausender funktioniert dieser Trick.

Rechnen im Kopf, Auswendiglernen, Wiederholen

Aufgaben, die dir leicht fallen, kannst du im Kopf rechnen. Aufgaben, bei denen du länger überlegen musst, solltest du halbschriftlich oder schriftlich rechnen.

Die Aufgaben des **kleinen Einmaleins** solltest du auswendig können. Wiederhol sie am besten regelmäßig!

Schlag dazu auch auf Seite 84 nach.

Zu den Aufgaben des kleinen Einmaleins gehören auch die **Umkehraufgaben.** Damit überprüfst du dein Ergebnis.

Aufgabe	Umkehraufgabe
3 + 4 = 7	7 – 4 = 3
29 – 18 = 11	11 + 18 = 29
3 · 8 = 24	24 : 8 = 3
30 : 6 = 5	5 · 6 = 30

Überschlagen

Rechne beim Überschlagen mit kleinen Zahlen.

Schlag dazu auch auf den Seiten 100 und 101 nach.

Aufgabe	714 + 403 = □	822 – 607 = □
überschlagen	7 + 4 = 11	8 – 6 = 2
grobe Rechnung	700 + 400 = 1 100	800 – 600 = 200
exakte Rechnung	714 + 403 = 1 117	822 – 607 = 215

Runden

Nutze glatte Zahlen, und runde entsprechend.

Aufgabe	454 · 9 = □	729 : 9 = □
auf- / abrunden	454 ≈ 450 9 ≈ 10	729 ≈ 730 9 ≈ 10
grobe Rechnung	450 · 10 = 4 500	730 : 10 = 73
exakte Rechnung	454 · 9 = 4 086	729 : 9 = 81

So kannst du schnell addieren

Du musst nicht jede Additionsaufgabe ausrechnen. Manchmal reicht es, nur eine zu rechnen, dann kannst du weitere Aufgaben davon ableiten.

Nachbaraufgaben

Eine Nachbaraufgabe erhältst du, wenn bei einer Addition einer der Summanden um 1 vergrößert (+ 1) oder um 1 verringert (– 1) wird.

Zu jeder Aufgabe gehören 4 Nachbaraufgaben.

Aufgabe	Nachbaraufgaben
18 + 5 = 23	17 + 5 = 22
	19 + 5 = 24
	18 + 4 = 22
	18 + 6 = 24

Tipp

Wenn du eine Aufgabe rechnen kannst, kennst du auch die vier Nachbaraufgaben!

Schlag dazu auch auf Seite 47 nach.

Mit der **Einspluseins-Tafel** behältst du den Überblick. Dort stehen die Nachbaraufgaben oben, unten, rechts und links neben der Aufgabe.

Gegensinniges Verändern

Bei Additionsaufgaben, die gegensinnig verändert werden, wird ein Summand um eine Zahl erhöht und der andere Summand um die gleiche Zahl verringert. Die Summe bleibt gleich. Das kann das Rechnen sehr erleichtern.

17 + 5 = 22 20 + 2 = 22

+ 3 – 3

Vertauschungsgesetz anwenden

Bei der Addition darfst du die Reihenfolge der einzelnen Summanden vertauschen. Je nach Rechnung kann dir das beim schnelleren Rechnen helfen. Die Summe bleibt dabei immer gleich.

Eine Addition lässt sich oft leichter rechnen, wenn die **größere Zahl vorn** steht.

Aufgabe	Tauschaufgabe
8 + 22 = 30	22 + 8 = 30
4 + 53 = 57	53 + 4 = 57

Du kannst bei mehreren Summanden diese auch **untereinander tauschen.** Oft bietet es sich an, die Zahlen zusammenzufassen, welche die Summe 10 ergeben.

Aufgabe	Tauschaufgabe
8 + 7 + 2 + 3 = 20	(8 + 2) + (7 + 3) = 20
4 + 5 + 6 + 9 + 5 + 1 = 30	(4 + 6) + (5 + 5) + (9 + 1) = 30

Analogieaufgaben

Manchmal scheinen die Aufgaben nur auf den ersten Blick schwierig. Sie lassen sich leicht rechnen, wenn du erkennst, dass es eine ähnliche, einfachere Aufgabe (Analogieaufgabe) dazu gibt.

Aufgabe	Analogieaufgabe	Ergebnis
54 + 5 = □	4 + 5 = 9	54 + 5 = 59
8 000 + 5 000 = □	8 + 5 = 13	8 000 + 5 000 = 13 000

So kannst du schnell subtrahieren

Manche Subtraktionsaufgaben sind nicht so leicht zu rechnen. Mit diesen Tipps kannst du sie sicher lösen.

Schlag dazu auch auf Seite 31 nach.

Zahlen zerlegen

Wenn du größere Zahlen subtrahierst, zerlegst du sie am besten. Dann kannst du Stelle für Stelle subtrahieren.

587 – 342 = 245

587 – 300 = 287
287 – 40 = 247
247 – 2 = 245

587 – 342 = 245

Gleichsinniges Verändern bei der Subtraktion

Beim gleichsinnigen Verändern werden der Minuend und der Subtrahend um den gleichen Wert in der gleichen Weise verändert. Die Differenz bleibt dabei unverändert.

Kannst du eine solche Aufgabe rechnen, fallen dir die gleichsinnig veränderten Aufgaben auch leicht.

Aufgabe: 18 – 7 = 11

Gleichsinnig veränderte Aufgaben:

18 – 7 = 11 16 – 5 = 11

– 2 – 2

18 – 7 = 11 23 – 12 = 11

+ 5 + 5

Mit dem vollen Zehner rechnen

Mit dem vollen Zehner zu rechnen ist sehr viel einfacher als mit anderen Zahlen.

Aufgabe:	27 − 9 = ☐ 18
Subtrahier den vollen Zehner:	27 − 10 = 17
Addier die 1 wieder:	17 + 1 = 18

Schlag dazu auch auf den Seiten 66 und 67 nach.

Muster nutzen

In Rechenpäckchen kannst du Ähnlichkeiten entdecken, die dir beim Rechnen helfen.

	288 − 31 = 257		113 + 35 = 148
− 10	↓ − 10	+ 10	↓ − 10
	278 − 21 = 257		123 + 25 = 148
− 10	↓ − 10	+ 10	↓ − 10
	268 − 11 = 257		133 + 15 = 148
− 10	↓ − 10	+ 10	↓ − 10
	258 − 1 = 257		143 + 5 = 148

Analogieaufgaben

Zu einer schwierigeren Aufgabe kannst du einfachere Aufgaben rechnen, die ähnlich sind (Analogieaufgaben). Damit lässt sich die Aufgabe leicht rechnen.

Aufgabe	Analogieaufgabe	Ergebnis
67 − 3 = ☐	7 − 3 = 4	67 − 3 = 64
900 − 600 = ☐	9 − 6 = 3	900 − 600 = 300

So kannst du schnell multiplizieren

Das **kleine Einmaleins** ist die Grundlage für alle Multiplikationsaufgaben. Wenn du es sicher beherrschst, kannst du alle Aufgaben schnell lösen.

Schlag dazu auch auf Seite 84 nach.

Einmaleins-Reihen

Lern die Vielfachen jeder Einmaleins-Reihe auswendig, sodass du sie vorwärts und rückwärts aufsagen kannst. So sieht zum Beispiel das Einmaleins der Neuner-Reihe aus:

vorwärts: 9, 18, 27, 36, 45, 54, 63, 72, 81, 90

rückwärts: 90, 81, 72, 63, 54, 45, 36, 27, 18, 9

So kannst du dir die Reihenfolge bei dieser Reihe gut merken:

- Vorwärts aufgesagt: Die Einerstelle vermindert sich um 1, die Zehnerstelle vermehrt sich um 1.
- Rückwärts aufgesagt: Die Einerstelle vermehrt sich um 1, die Zehnerstelle wird um 1 kleiner.

Zehnereinmaleins

Das kleine Einmaleins ist auch Grundlage für das Zehnereinmaleins. Willst du die Vielfachen einer Zehnereinmaleins-Reihe aufschreiben, multiplizierst du jede Zahl der entsprechenden Reihe des kleinen Einmaleins mit 10.

- 3: 3, 6, 9, 12, 15, 18, 21, 24, 27, 30

  · 10 ↓

- 30: 30, 60, 90, 120, 150, 180, 210, 240, 270, 300

Durch Verdoppeln oder Halbieren von Faktoren lassen sich Aufgaben mit zweistelligen Zahlen gut im Kopf rechnen.

verdoppeln:

$3 \cdot 5 = 15$ $6 \cdot 5 = 30$ $12 \cdot 5 = 60$ $24 \cdot 5 = 120$

halbieren:

$40 \cdot 7 = 280$ $20 \cdot 7 = 140$ $10 \cdot 7 = 70$ $5 \cdot 7 = 35$

Bilden von Kernaufgaben

Kernaufgaben helfen dir, Ergebnisse der Einmaleins-Reihe zu finden.

Aufgaben: $4 \cdot 3 = \square$ $7 \cdot 3 = \square$ $9 \cdot 3 = \square$

Kernaufgaben:	Ergebnisse zu den Aufgaben:
$1 \cdot 3 = 3$	
$2 \cdot 3 = 6$	$4 \cdot 3 = 2 \cdot 3 + 2 \cdot 3 = 6 + 6 = 12$
$5 \cdot 3 = 15$	$7 \cdot 3 = 5 \cdot 3 + 2 \cdot 3 = 15 + 6 = 21$
$10 \cdot 3 = 30$	$9 \cdot 3 = 10 \cdot 3 - 1 \cdot 3 = 30 - 3 = 27$

Anwenden der Rechenregeln

Löse Aufgaben mithilfe der Rechenregeln.

Aufgabe:	$18 \cdot 4 = \square$
Vertauschungsgesetz:	$4 \cdot 18 = \square$
Zerlegungsgesetz:	$4 \cdot 10 + 4 \cdot 8 = \square$
Addition:	$40 + 32 = 72$
Ergebnis:	$18 \cdot 4 = 72$

Schlag dazu auch auf den Seiten 80, 81 und 82 nach.

Du kannst auch das Zusammenfassungsgesetz anwenden:

18 zerlegen:	$2 \cdot 9 \cdot 4 = \square$
Vertauschungsgesetz:	$2 \cdot 4 \cdot 9 = \square$
Zusammenfassungsgesetz:	$(2 \cdot 4) \cdot 9 = \square$
Ergebnis:	$8 \cdot 9 = 72$

Schlag dazu auch auf Seite 89 nach.

Schriftliche Multiplikation

Ist der zweite Faktor zweistellig, kannst du im ersten Teilergebnis die Null an der Einerstelle weglassen.

4	5	6	·	3	2
	1	3	6	8	0
+			9	1	2
	1	4	5	9	2

kürzer

4	5	6	·	3	2
	1	3	6	8	
+			9	1	2
	1	4	5	9	2

Überschlagsrechnungen nutzen

Die Überschlagsrechnung hilft dir, das Ergebnis einer Aufgabe abzuschätzen und zu überprüfen.

Aufgabe: $388 \cdot 6 = \square$

Überschlag $400 \cdot 6 = 2400$

Ergebnis:

3	8	8	·	6
	2	3	2	8

Fehler vermeiden beim Rechnen mit Null

Tipp

Wenn du schriftlich multiplizierst, musst du sehr genau auf die Null aufpassen.

2	3	0	1	·	5
	1	1	5	0	5

1	0	3	2	·	4
		4	1	2	8

Bei jeder Zahl, die du mit 0 multiplizierst, lautet das Ergebnis 0.

$5 \cdot 0 = 0$

$35879 \cdot 0 = 0$

So kannst du schnell dividieren

Divisionsaufgaben lassen sich leichter rechnen, wenn du einige Tipps beachtest.

Zehnerzahlen und kleines Einmaleins

Greif auf Aufgaben aus dem kleinen Einmaleins zurück.

16 : 8 = 2
160 : 8 = 20

1 600 : 8 = 1 200
16 000 : 8 = 2 000

Dividend halbieren oder verdoppeln

halbieren:
48 : 6 = 8   24 : 6 = 4   12 : 6 = 2   6 : 6 = 1

verdoppeln:
25 : 5 = 5   50 : 5 = 10   100 : 5 = 20

Umkehraufgaben als Probe

Aufgabe	Umkehraufgabe
18 : 3 = 6	6 · 3 = 18
360 : 9 = 40	40 · 9 = 360

Schlag dazu auch auf Seite 94 nach.

Überschlagsrechnungen nutzen

Die Überschlagsrechnung hilft dir bei der schriftlichen Division, das Ergebnis einer Aufgabe abzuschätzen.

Aufgabe: 3 875 : 5 = ☐

Überschlag 4 000 : 5 = 800

Ergebnis:

```
  3875 : 5 = 775
– 35
   37
   35
    25
    25
     0
```

Klasse
1 2 3 4

Schlag dazu auch auf den Seiten nach:
- Alphabet: 44
- Trennung: 40 und 41
- Nomen: 50 und 51
- Verben: 52 und 53

So verstehst du Aufgabentexte

Du kannst üben, aus einem Text eine Rechenaufgabe zu bilden. Denk dir selbst Textaufgaben aus, indem du zu einer Rechenaufgabe eine Geschichte erfindest, zum Beispiel im Schullandheim:

$$24 : 6 = 4$$

24 Wasserflaschen werden auf 6 Zimmer verteilt.
Wie viele Flaschen sind in jedem Zimmer?

So hast du immer eine passende Antwort

Wenn du die Frage einer Aufgabe kennst, antworte am besten immer mit den Wörtern der Frage. Mit der Antwort ersetzt du das Fragewort.

Frage: Wie viele Flaschen sind in jedem Zimmer?

So findest du die Antwort:
In jedem Zimmer sind 4 Flaschen.

Tipp

Achte auch immer auf die richtige Bezeichnung in der Antwort, hier nennst du „Flaschen".

So findest du eine richtige Frage

Wenn zu einer Aufgabe die Frage fehlt, hilft dir das Nachspielen der Szene, um der Frage auf die Schliche zu kommen.

Antwort:
Lisa hat letzte Woche dreimal ein Eis zu 1,20 € gekauft.

So findest du die Frage:
Wenn beim Nachspielen der *Eisverkäufer* immer wieder 1,20 € verlangt, wird dir die Frage klar:

Wie viel Geld hat Lisa in der letzten Woche für Eis ausgegeben?

Klasse 1 2 3 4

So stellst du Ergebnisse in Schaubildern dar

Manche Aufgaben führen zu mehreren Ergebnissen, die verglichen und in Schaubildern dargestellt werden können.

Strichliste

Wenn Mengen leicht zu zählen sind, reicht eine Strichliste. Damit sie übersichtlich bleibt, solltest du sie immer in Fünferbündeln darstellen.

Wie viele Autos fahren in einer Woche vorbei?

Montag	Dienstag	Mittwoch	Donnerstag	Freitag
𝍸 𝍸 𝍸	𝍸 IIII	𝍸 𝍸 I	𝍸 𝍸	𝍸 II

Damit du alle wichtigen Informationen aus der Strichliste herausliest, gibst du die Wochentage an:

- Am Freitag fahren die wenigsten Autos vorbei.
- Am Montag sind es die meisten Autos.

Balken- und Säulendiagramm

Mit diesen Diagrammen kannst du größere Ergebnisse gut ablesbar und genau darstellen.

Wie viele Jungen unserer Schule sind 6, 7, 8, 9 oder 10 Jahre alt?

Stell die Ergebnisse in einem Säulendiagramm dar:

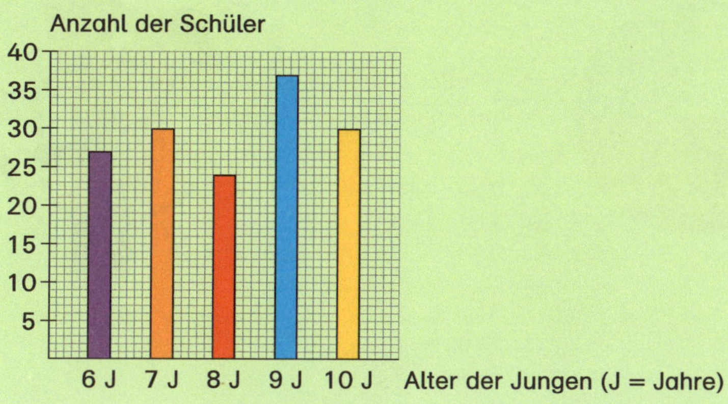

So stellst du Ergebnisse in Schaubildern dar

Millimeterpapier eignet sich für besonders genaue Darstellungen gut. Du darfst aber nicht vergessen, die Maßeinheit anzugeben und die Säulen oder Balken zu beschriften. Wenn du das Schaubild farbig gestaltest und zwischen den Säulen oder Balken kleine Abstände hältst, wird die Darstellung übersichtlicher.

Tipp

Wähl immer Einheiten, die du genau mit dem Lineal abmessen kannst!

Kuchen- oder Kreisdiagramm

Damit kannst du gut Bruchteile darstellen. Zeichne den Kreis mit dem Zirkel oder einer runden Schablone. Rechenkästchen helfen dir bei der Einteilung in Viertel, wenn der Kreis einen Durchmesser in glatter Zentimetergröße hat.

Ein Viertel der Kinder unserer Klasse trinkt in der Pause Milch.

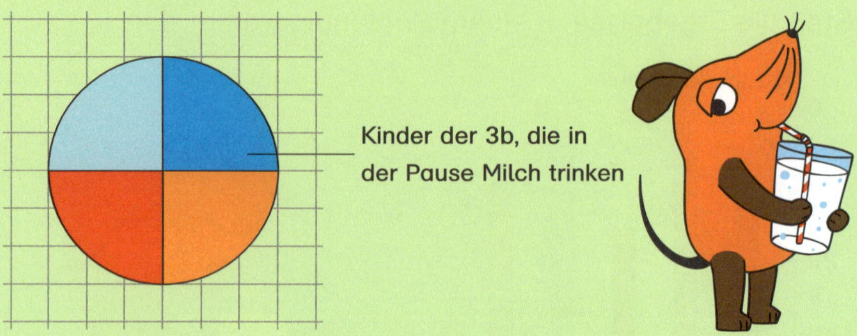

So nutzt du Rechenkästchen und Millimeterpapier

Mit Rechenkästchen und Millimeterpapier kannst du leichter geometrische Figuren oder Pläne zeichnen.

Karopapier

Es besteht aus vielen parallelen Geraden und Senkrechten.

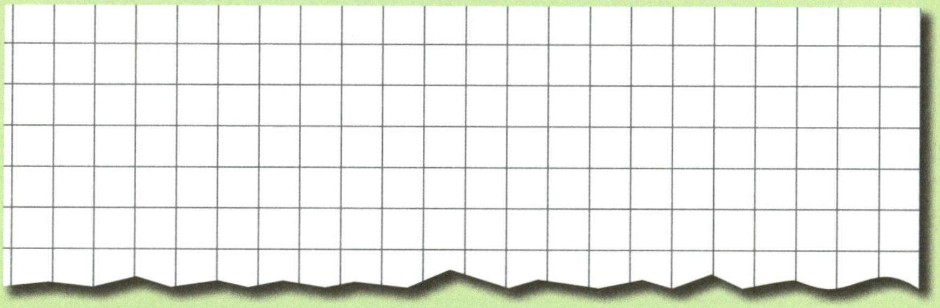

Millimeterpapier

Wie der Name schon sagt, ist hier ein kleines Kästchen 1 mm · 1 mm groß. Deshalb sieht ein Zentimeterquadrat beim Millimeterpapier wie ein kleines Hunderterfeld aus (10 mm · 10 mm).

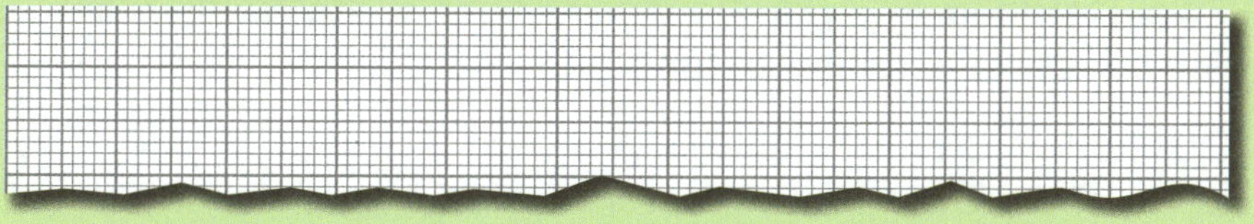

Millimeterpapier wird für Zeichnungen verwendet, die etwas genauer sein müssen, zum Beispiel für maßstabsgetreue Pläne. Das heißt zum Beispiel für den Küchenplan: 1 cm im Bild entsprechen 50 cm in der Wirklichkeit.

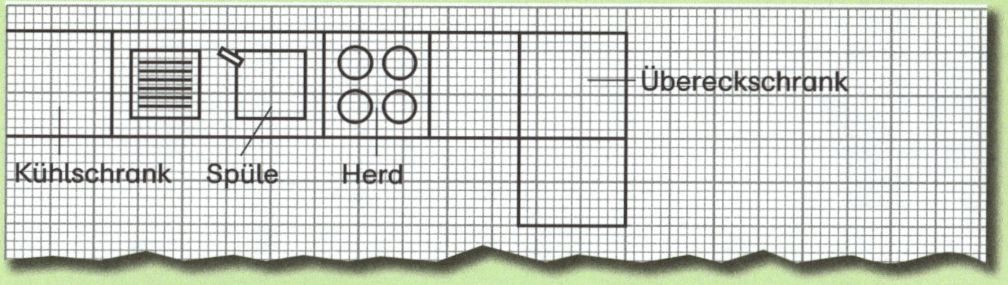

Küchenplan, Maßstab 1 : 50

Schlag dazu auch auf Seite 146 nach.

So benutzt du Lineal und Geodreieck

Lineal und Geodreieck brauchst du für genaue geometrische Zeichnungen.

Strecke und Gerade

Mit dem Lineal kannst du die Länge einer Strecke messen. Eine Strecke ist eine gerade Linie mit zwei Endpunkten. Eine Gerade hat keine Endpunkte. Deshalb kann ihre Länge nicht gemessen werden.

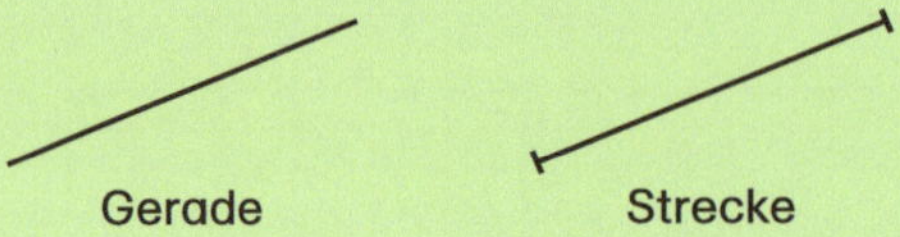

Strecke von 9 cm

Parallele Geraden

Zwei Geraden sind parallel zueinander, wenn sie an allen Stellen den gleichen Abstand haben.

Das kannst du leicht prüfen: Auf dem Geodreieck sind parallel zur Grundseite mehrere Linien eingezeichnet. Lege die Grundseite des Geodreiecks an eine deiner Geraden und prüfe, ob die andere Gerade parallel zu einer der anderen Linien auf dem Geodreieck verläuft.

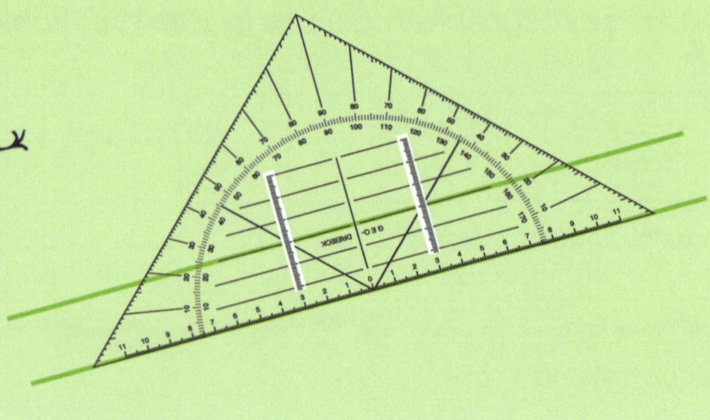

Rechte Winkel

Ein rechter Winkel beträgt genau 90°. Er lässt sich mit einem Geodreieck zeichnen.

1. Zeichne eine Gerade.
2. Leg die Markierung, die das Geodreieck in zwei Hälften teilt, genau auf diese Gerade. Zeichne eine zweite Gerade. An dem Schnittpunkt entstehen rechte Winkel.

1.

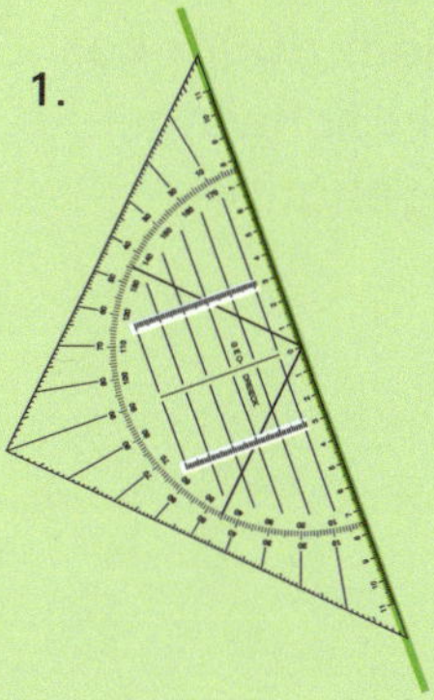

2.

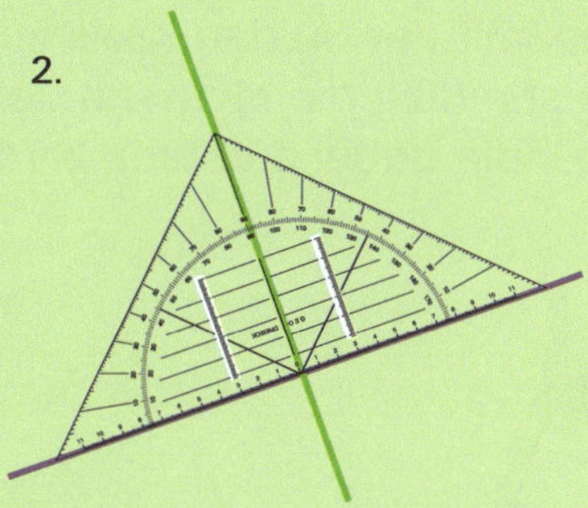

Senkrechte Linien

Zwei Linien, die im rechten Winkel aufeinandertreffen, sind senkrecht zueinander. Mit dem Geodreieck kannst du das überprüfen. Dafür hast du zwei Möglichkeiten:

1. Du legst die Dreiecksspitze genau in den Winkel.
2. Du legst die Mittellinie des Geodreiecks genau auf eine deiner Geraden und prüfst, ob die andere Gerade entlang der Grundseite des Geodreiecks verläuft. Diese Messart ist genauer.

1.

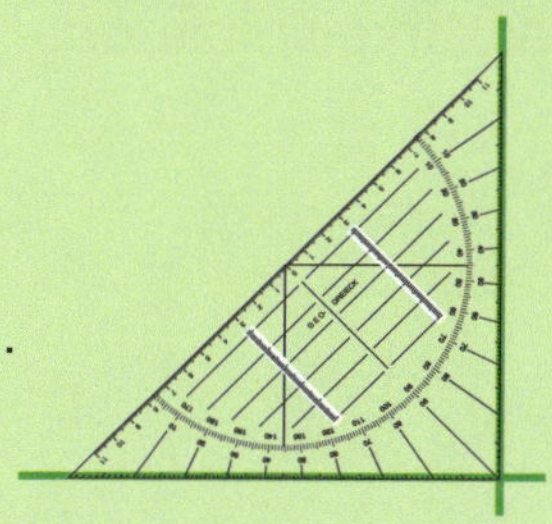

2.

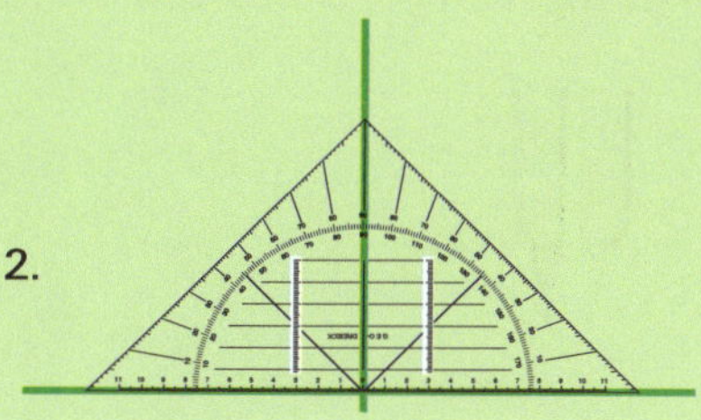

Klasse 1 2 3 4

So setzt du den Zirkel richtig ein

Mit einem Zirkel kannst du Kreise um einen vorgegebenen Punkt zeichnen.

Ein Zirkel besteht aus zwei Schenkeln. Der eine hat eine Metallspitze, mit der du in den **Mittelpunkt M** deines Kreises stichst. Der **Radius r** ist die Strecke, um die der Zirkel aufgeklappt ist. Der doppelte Radius ist der **Durchmesser d.**

Der andere Schenkel des Zirkels hat am Ende eine Bleistiftmine, mit der du den Kreis zeichnest, indem du locker und gleichmäßig die Mine um den Mittelpunkt schwingst. Die Linie, die dabei entsteht, wird **Kreislinie** genannt.

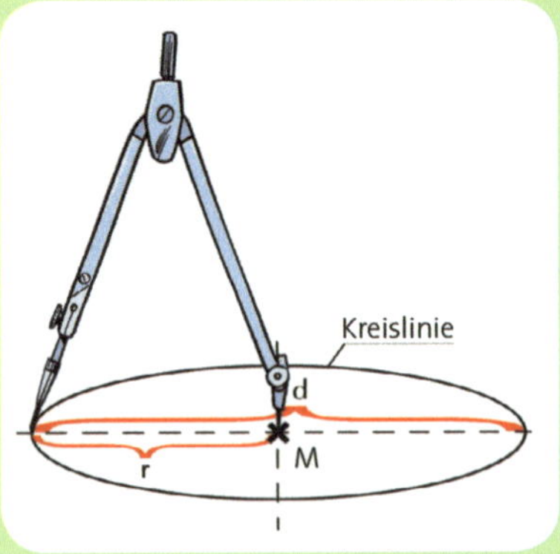

Der Zirkel sollte am besten mit einem Rädchen verstellbar sein, damit deine Einstellung nicht verrutscht. Spitze und Zirkelmine müssen gleich lang sein. Die Mine ist abgeflacht und die lange Seite der Mine liegt an der Zirkelspitze an.

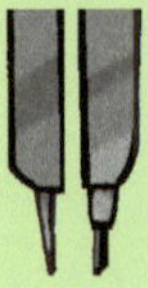

MAUS-Tipps: Zahlen sind überall!

Gehen Sie mit Ihrem Kind mit offenen Augen durch die Welt. Zahlen sind überall. Sie werden erstaunt sein, wie viele Möglichkeiten Sie ganz nebenbei finden, Mathe zu üben!

Machen Sie einen Zahlenspaziergang!

Wenn Sie das nächste Mal einen Spaziergang durch die Stadt machen, lassen Sie Ihr Kind Zahlen suchen. Es gibt sie überall: auf Autokennzeichen, Uhren, Hausnummern – Ihr Kind wird staunen! Je nach Alter können Sie gemeinsam die Zahlen einfach lesen, oder Sie rechnen gemeinsam, vergleichen die Zahlen, suchen die größte … Ganz nach Lust und Laune!

Wann sind wir endlich da?!

Auf Reisen bieten sich immer wieder Möglichkeiten, die Bedeutung von Zahlen zu begreifen. Schon die Anreise wird kurzweiliger, wenn die Kinder im Auto nach Hinweisschildern suchen. Wie viele Kilometer noch bis zum nächsten Rastplatz? Wie weit ist es bis zum Urlaubsort? Mit diesen Zahlen lässt sich auch wunderbar rechnen: „Wenn es eben noch 120 km waren und jetzt nur noch 90 km, wie viele km haben wir dann zurückgelegt?"

Die Zahl kann ich nicht lesen!

Und wenn Sie selber einmal Ziffern notieren, vielleicht eine Telefonnummer oder Sie rechnen schnell etwas schriftlich aus: schreiben Sie leserlich! Gerade wenn Ihr Kind anfängt, die Ziffern zu schreiben, orientiert es sich an Ihnen und daran, wie Ihre Zahlen aussehen.

Wir rechnen mit echtem Geld

Am besten können wir uns merken, was wir selber ausprobiert haben. Also, weg mit den Heften und Büchern, her mit dem Geld! Lassen Sie Ihr Kind handelnd lernen!

Gehen Sie gemeinsam einkaufen!

Je nach Klassenstufe kann Ihr Kind beim Einkaufen mitrechnen. Ist in der Schule gerade Schätzen und Überschlagen ein Thema? Gut! Dann soll der Nachwuchs überlegen, was die Ware im Wagen wohl so kosten wird. Oder möchte Ihr Kind gerne einige Kleinigkeiten? Die bekommt es – wenn es selber ausrechnen kann, was diese kosten!

Ihr Kind kann das!

Ab etwa der dritten Klasse können Sie Ihr Kind auch einmal allein zum Einkaufen schicken. Vielleicht holt es die Sonntagsbrötchen? Besprechen Sie vorher, was diese ungefähr kosten, lassen Sie Ihren Nachwuchs ausrechnen, wie viel Geld er mitnehmen muss und schärfen Sie ihm ein, das Wechselgeld zu kontrollieren. Was meinen Sie, wie stolz Ihr Kind wieder nach Hause kommt!

Übertragen Sie Verantwortung!

Durchschnittlich bekommt ein Grundschüler etwa 3,– € Taschengeld pro Woche. Ihr Kind bekommt mehr? Weniger? Wie auch immer, übertragen Sie ihm die Verantwortung für dieses Geld! Wenn es einen Wunsch hat, soll es selber ausrechnen, wie es sich diesen leisten kann. Wie lang muss Ihr Kind sparen? Braucht es Ihre Unterstützung? Kalkulieren Sie gemeinsam!

Shopping im Internet

Immer häufiger kaufen wir schnell etwas im Internet ein. Nutzen Sie die Gelegenheit, Ihrem Kind ein Gefühl für Geld zu geben! Suchen Sie gemeinsam Spielsachen, Kleidung aus – was gerade ansteht – und vergleichen Sie die Angebote! Lassen Sie Ihr Kind ausrechnen, was seine Wünsche kosten. Kommt noch das Porto dazu? Ist es vielleicht im Laden doch günstiger?

Geld ist nicht gleich Geld!

Der Geldautomat ist ein tolles Gerät, wenn es um das Rechnenüben geht! Erklären Sie Ihrem Kind, welchen Betrag Sie abheben wollen. Welche Scheine wird der Automat wohl ausspucken? Geben Sie Tipps ab! Wer hat Recht? Oder gibt es vielleicht einen Automaten, an dem man die gewünschte Stückelung eingeben kann? Nichts wie hin und rechnen üben! Kleiner Tipp: beachten Sie die Schlange hinter sich, wenn Sie Ihr Kind am Automaten tippen lassen!

Spielerisch Geometrie üben

Geometrie eignet sich wunderbar für alle möglichen spielerischen Übungen. Probieren Sie doch mal ein paar aus!

Die guten alten Bauklötze!

Bauen Sie gemeinsam mit Bau- oder Legosteinen und überlegen Sie, wie viele Steine Sie gebraucht haben. Was passiert, wenn ein Stein aus dem Gebäude entfernt wird? Zeichnen Sie einfache Baupläne und lassen Sie Ihr Kind diese umsetzen, oder bauen Sie nach der Vorgabe Ihres Kindes.

Gehen Sie gemeinsam einkaufen!

Suchen Sie gemeinsam in Ihrer Umwelt nach Mustern! Sei es der Plattenweg vor dem Haus, das Ornament an einer Hauswand, eine Eisenbahnbrücke oder der Teppich im Wohnzimmer. Welche Muster entdeckt Ihr Kind noch? Welche Muster erfinden Sie gemeinsam?

Geometrie im Vorbeigehen

Wenn Sie das nächste Mal in der Stadt unterwegs sind, suchen Sie doch mal nach geometrischen Formen oder Körpern! Eine Litfasssäule ist ein Zylinder, klar – aber gibt es bei uns auch Pyramiden? Oder spielen Sie „Ich sehe was, was du nicht siehst“ mit Formen.

Spieglein, Spieglein

Stehen Sie doch beim abendlichen Zähneputzen gemeinsam vor dem Spiegel. Was passiert bei Bewegungen mit dem Spiegelbild? Wie sieht die Zahnbürste aus, wenn sie ganz nahe an den Spiegel gehalten oder gewendet wird? Oder stehen Sie sich gegenüber und machen die Bewegungen des anderen nach.

Die Zeit im Blick haben

Uhrzeit und Datum geben unserem Alltag Struktur und ermöglichen uns, Termine einzuhalten und uns zu verabreden.

Führen Sie einen Familienkalender!

Haben Sie einen Familienkalender in der Küche hängen? Führen Sie ihn zusammen mit Ihrem Kind! Tragen Sie gemeinsam die Termine ein. Um wie viel Uhr ist das Fußballtraining? An welchem Wochentag feiert Julia ihren Kindergeburtstag? Ermuntern Sie Ihren Nachwuchs, selber Verantwortung für seine Verabredungen zu übernehmen!

„Um 18 Uhr bist du zu Hause!“

Helfen Sie Ihrem Kind, seine Armbanduhr lesen zu lernen – und zeigen Sie ihm, welchen Sinn diese Fähigkeit hat. Möchte Ihr Kind einen Freund besuchen, überlegen Sie gemeinsam, wie lange die beiden wohl zusammen spielen werden und wann Sie Ihr Kind wieder zu Hause erwarten. Oder wie wäre es mit einem Uhrenvergleich?

Das Nützliche mit dem Unvermeidlichen verbinden

Studieren Sie gemeinsam die Fernsehzeitschrift. Ihr Kind soll markieren, welche Sendung es sehen möchte. 30 Minuten am Tag sind in Ordnung? Wie lang geht seine Lieblingssendung? Wenn sie um 17.30 Uhr beginnt, wann ist sie dann aus? Planen Sie gemeinsam!

Wenn einer eine Reise tut

Vielleicht fahren Sie gemeinsam mit dem Zug? Der Bus in die Stadt tut’s für den Anfang auch! Schnappen Sie sich den Fahrplan und lassen Sie sich von Ihrem Kind erklären, wann die Reise los geht und wie lang es dauert, bis Sie am Ziel sind. Ist genug Zeit zum Umsteigen?

Gewichte und Hohlmaße begreifen

Kg, gr, l, ml – mit diesen Einheiten wird gerechnet. Hat Ihr Kind Sie aber auch begriffen? Suchen Sie im Haushalt, wo Sie Ihrem Kind Hohlmaße und Gewichte begreifbar machen können!

Kochen und backen Sie gemeinsam!

Nicht nur zur Weihnachtszeit können Sie Ihre Küche zum Matheüben benutzen. Lassen Sie sich helfen: Ihr Kind soll Ihnen die Rezepte vorlesen, gemeinsam wiegen und messen Sie die Zutaten ab. Passt die Teigmenge in die Backform? Lassen Sie Ihr Kind schätzen!

Wer wiegt wie viel?

Lassen Sie Ihr Kind schätzen, wer wie viel wiegt in der Familie. Vergleichen Sie Ihr Gewicht mit dem Ihres Kindes. Rechnen Sie um, wie viele Packungen Mehl sind das? Wie viel wiegt im Vergleich dazu Ihr Familienhund? Das Auto? Ein Elefant?

Wasser ist nicht nur zum Waschen da

Plantschen mit Wasser ist das Höchste! Geben Sie Ihrem Kind verschiedene Gefäße mit ins Plantschbecken oder in die Badewanne. Beobachten Sie den Wasserstand, lassen Sie Ihr Kind schätzen, wie er sich verhält, leert man das eine Gefäß in das andere. Auch wenn danach das Bad schwimmt – Ihr Kind hat viel über Volumen gelernt!

Mogelpackung!

Durchforschen Sie gemeinsam mit Ihrem Kind den Kühlschrank! Wie groß ist die Verpackung vom Käse und was ist wirklich drin? Wo wurde geschummelt? Wie viel würde wirklich in die Packung passen? Sie werden überrascht sein, welche Mogelpackungen Ihr Kind noch im Haushalt entdeckt. So lernt Ihr Kind ganz nebenbei den Zusammenhang von Volumen und Masse verstehen!

Gemeinsam messen

Längenmaße lernt Ihr Kind am besten, wenn es sie erfassen kann.

Basteln Sie gemeinsam!

Je nach Jahreszeit bieten sich verschiedene Möglichkeiten, mit Ihrem Kind gemeinsam etwas zu bauen. Im Internet finden sich jede Menge Anleitungen, zum Beispiel für ein Vogelhaus. Überlegen Sie gemeinsam, was sie alles brauchen. Helfen Sie Ihrem Kind, das Material abzumessen und zuzuschneiden. So lernt Ihr Kind, mit Lineal und Meterstab umzugehen und ganz nebenbei haben Sie am Ende gemeinsam etwas geschaffen, woran Sie sich freuen können.

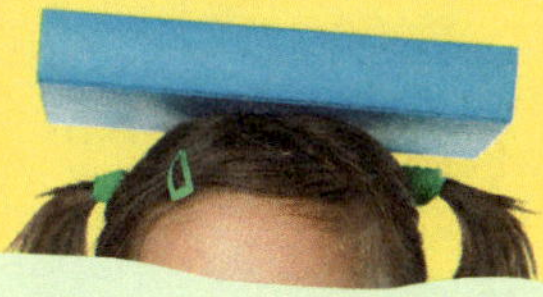

Wie groß bist du?

Vielleicht hat Ihr Kind im Kinderzimmer eine Messlatte hängen. Tragen Sie doch ein, wie groß die Mitglieder Ihrer Familie sind! Klar, dass sich Ihre Größe kaum ändern wird, aber bestimmt hat Ihr Kind Freude daran zu sehen, wie es im Laufe der Zeit wächst. Sie können kleine Zettelchen mit Name, Datum und Größe an der Messlatte anbringen. Spannend wird es auch, wenn Ihr Kind seine Größe im Verhältnis zu der seiner Geschwister und Eltern sieht.

Schätzspiele

Für dieses Spiel brauchen Sie eigentlich nur ein Lineal. Reihum darf jeder einen Gegenstand im Zimmer bestimmen. Jeder gibt einen Tipp ab: wie lang ist der Gegenstand? Dann wird natürlich nachgemessen. Wer am nächsten dran ist, bekommt einen Punkt. Das ganze kann natürlich auch mit Gewichten oder Volumen gespielt werden.

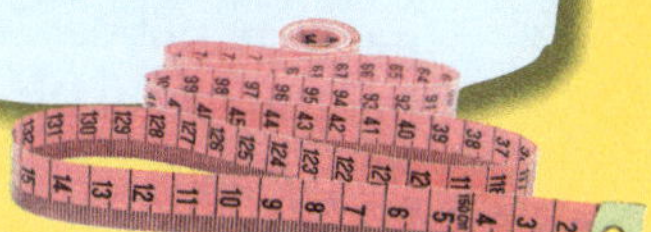

Keine Angst vor Sachaufgaben!

Textaufgaben gibt es überall – fast alles um uns herum lässt sich in das Schema „Frage – Rechnung – Antwort“ umwandeln. Probieren Sie es doch einmal aus und denken Sie daran, üben soll Spaß machen!

In der Mathesprache sprechen

Ermuntern Sie Ihr Kind. Fragen Sie nach: „Wenn ich etwas dazu tue, wie heißt das dann?“ Je nach Klassenstufe wird plus oder addieren verwendet. Welche Ausdrücke gibt es dafür noch? Wer findet die meisten? Sammeln Sie gemeinsam Wörter aus der Mathesprache! Notieren sie diese auf Karteikarten und üben Sie sie! So wird Ihr Kind Textaufgaben besser durchschauen!

Erfinden Sie Rechengeschichten

Rechengeschichten gibt es überall! Im Auto auf dem Weg zur Schule rechnen Sie gemeinsam aus, wie lange Sie fahren müssen, wenn Sie um 7:23 Uhr starten und um 7:45 Uhr an der Schule sind. Und beim Kochen oder Backen überlegen Sie mit Ihrem Kind, wie viele Eier fehlen, wenn die Schachtel halb voll ist und Sie 7 Eier für den Kuchen brauchen. Passen Sie Ihre Rechengeschichten an! Und denken Sie an Frage – Rechnung – Antwort!

Erstmal eine Zeichnung machen

Wenn Sie Ihrem Kind bei den Hausaufgaben helfen, weil es so gar nicht mit der Textaufgabe klar kommt: erst mal eine Zeichnung machen! Oft hilft es, sich den Sachverhalt vor Augen zu führen, ihn bildlich darzustellen. So wird vieles durchschaubarer!

Die Grundrechenarten

Rechenoperation	Rechen-zeichen	Sprechweise
Addition (addieren, zusammenzählen)	+	*plus*
Subtraktion (subtrahieren, abziehen)	–	*minus*
Multiplikation (multiplizieren, malnehmen)	·	*mal*
Division (dividieren, teilen)	:	*geteilt durch*

Bezeichnungen der Zahlen

Summand	+	Summand	=	Summe
4	+	367	=	371
Minuend	–	Subtrahend	=	Differenz
403	–	306	=	97
Faktor	·	Faktor	=	Produkt
17	·	8	=	136
Dividend	:	Divisor	=	Quotient
312	:	3	=	104

Vergleichende Zeichen

Rechen-zeichen	Sprechweise	Beispielrechnung
=	*gleich*	28 + 6 = 34
>	*größer als*	720 > 702
<	*kleiner als*	12 + 13 < 28 – 4
≈	*ungefähr*	1 798 ≈ 1 800

Zahlen, die Teile eines Ganzen bezeichnen, heißen **Brüche.**
Beispiele: $\frac{1}{2}$ (sprich: *ein halb*), $\frac{1}{4}$ (sprich: *ein Viertel*) und $\frac{3}{4}$ (sprich: *drei Viertel*).

Mathematische Größen

Geld

Bezeichnungen	Abkürzungen	Umrechnungen
Euro, Cent	€, ct	1 € = 100 ct

Längen

Bezeichnungen	Abkürzungen	Umrechnungen
Kilometer, Meter Dezimeter Zentimeter Millimeter	km, m dm cm mm	1 km = 1 000 m 1 m = 10 dm 1 m = 100 cm 1 cm = 10 mm

Gewichte

Bezeichnungen	Abkürzungen	Umrechnungen
Tonne, Kilogramm Gramm, Milligramm	t, kg g, mg	1 t = 1 000 kg 1 kg = 1 000 g 1 g = 1 000 mg

Volumen

Bezeichnungen	Abkürzungen	Umrechnungen
Liter, Milliliter	l, ml	1 l = 1 000 ml

Zeit

Bezeichnungen	Abkürzungen	Umrechnungen
Jahr		1 Jahr = 12 Monate oder 365 / 366 Tage
Monat		1 Monat = 28, 29, 30 oder 31 Tage
Woche		1 Woche = 7 Tage
Tag		1 Tag = 24 h
Stunde	h	1 h = 60 min
Minute	min	1 min = 60 s

Geometrie

Gerade beim geometrischen Zeichnen kommt es auf Sorgfalt und Genauigkeit an. Dein Bleistift sollte immer gut gespitzt sein und dein Radiergummi sollte keine Schmierspuren hinterlassen.

Diese Geräte brauchst zu zum geometrischen Zeichnen:

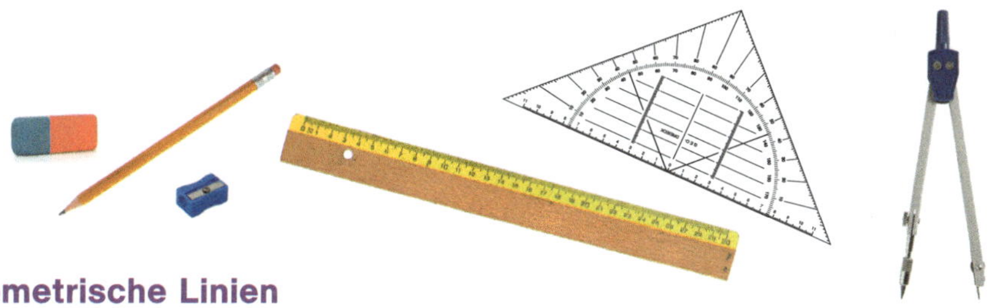

Geometrische Linien

Gerade
(ohne Anfangs- und Endpunkt)

A

Strahl
(mit Anfangs-, aber ohne Endpunkt)

A B

Strecke
(mit Anfangs- und Endpunkt)

Besondere Lagebeziehungen von Linien

Parallelen

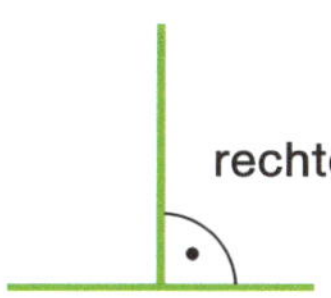

Senkrechte

Geometrische Flächen

Quadrat

Rechteck

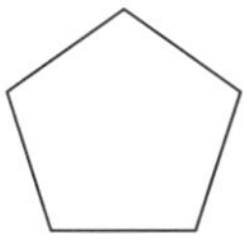

regelmäßiges Fünfeck

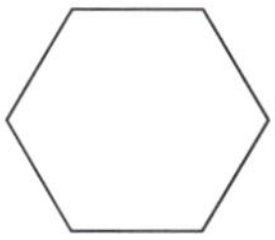

Sechseck

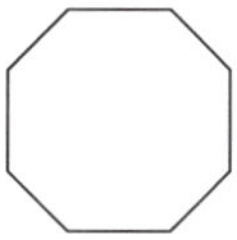

Achteck

Geometrische Flächen

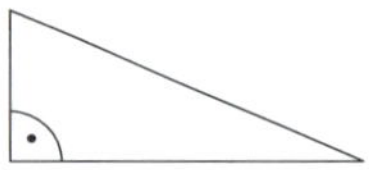
rechtwinkliges Dreieck

gleichschenkliges Dreieck

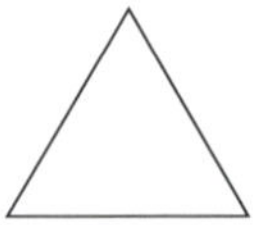
gleichseitiges Dreieck

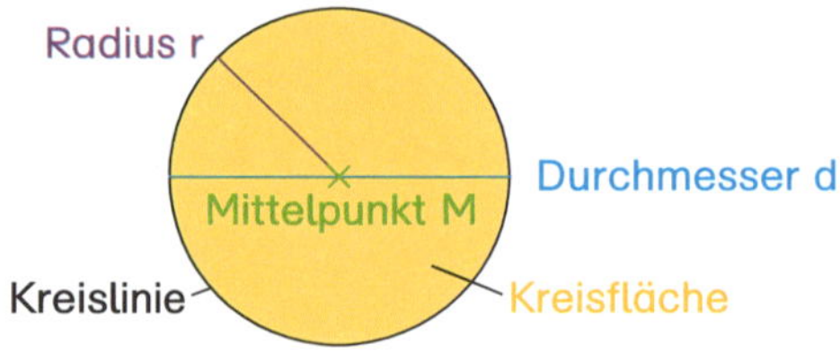

Kreis

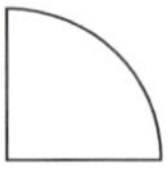
Kreisausschnitt

Geometrische Körper

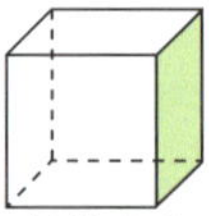
Würfel

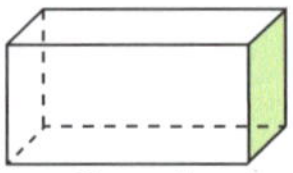
Quader

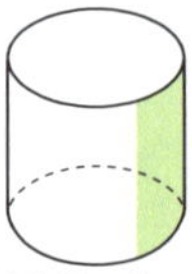
Zylinder

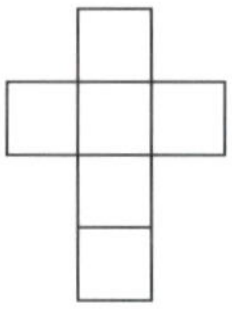
Würfelnetz

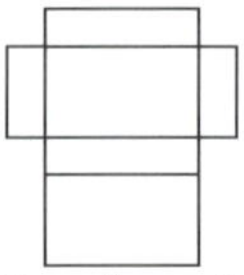
Quadernetz

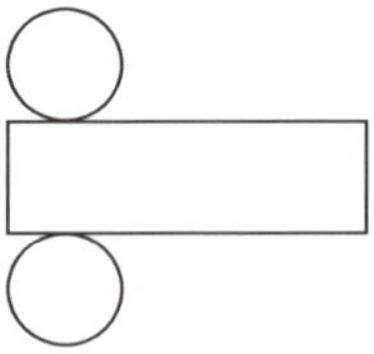
Zylindernetz

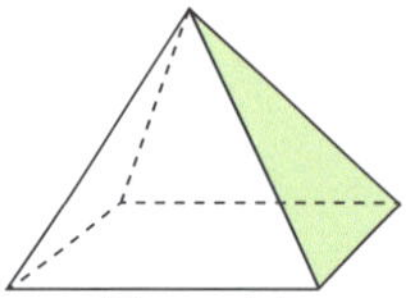
Pyramide

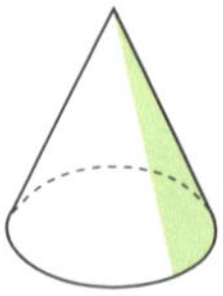
Kegel

Kugel

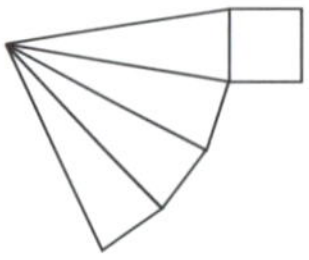
Pyramidennetz

Kegelnetz

H

J

K

L

M

Abbildungs- und Fotonachweis

Thinkstock, München:
Seite 14 (myphotostop), (Ruth Black), (SvetlanaK), (© Lai leng Yiap); Seite 15 (Coprid), (Yuriy Chaban), (spaxiax), (WestLight), (Maksym Narodenko), (© Getty Images); Seite 28 (Jacek Chabraszewski); Seite 30 (Paul Cowan), (gmevi), (Givaga), (© Horst Petzold); Seite 42 (Rafael Laguillo); Seite 48 (Ryan McVay); Seite 90 (Picsfive); Seite 102 (filipfoto), (© Christophe Testi); Seite 108 (MichaelJay); Seite 109 (Franck Boston), (prapann), (Maksim Kabakou); Seite 110 (gradts), (andy©Q); Seite 114 (Terribil-T), (© Alexey Romanov), (Daniel Dziubi?ski); Seite 122 (David Selman/Fuse); Seite 126 (Zeljko Dobrosavljevic); Seite 132 (Steven Reed); Seite 146 (DaddyBit), (Valengilda); Seite 148 (nonillion); Seite 156 (kiboka), (choness); Seite 173 (GrishaL), (thumb); Seite 174 (monticelllo); Seite 175 (Photos.com), (lucato); Seite 176 (Sandra van der Steen), (karandaev); Seite 177 (Elena Schweitzer); Seite 178 (Robyn Mackenzie), (GlobalP), (IgorKovalchuk); Seite 179 (IvonneW), (Francesco Ridolfi), (fotyma); Seite 180 (IvonneW), (kruwt); Seite 183 (Jose Manuel Gelpi Diaz), (popovaphoto); vordere Innenklappe (C f O'kane), (David Pereiras Villagrá); hintere Innenklappe (LUNAMARINA)

fotolia, New York:
Seite 14 (© gemenacom – Fotolia.com); Seite 99 (© kevma20 – Fotolia.com), (© kevma20 – Fotolia.com); Seite 14, 15 (© Africa Studio – Fotolia.com); vordere Innenklappe (© Paylessimages - Fotolia.com)

Abbildungen Maus, Elefant und Ente:
© I. Schmitt-Menzel / Friedrich Streich
WDR mediagroup GmbH
Die Sendung mit der Maus © WDR

Der Verlag hat sich nach bestem Wissen und Gewissen bemüht, alle Inhaber von Urheberrechten an Texten und Abbildungen zu diesem Werk ausfindig zu machen. Sollte das in irgendeinem Fall nicht korrekt geschehen sein, bitten wir um Entschuldigung und bieten an, gegebenenfalls in einer nachfolgenden Auflage einen korrigierten Quellennachweis zu bringen.

Doppelter Lernspaß in Deutsch ...

- **Rätselspaß mit Aufgaben**
  aus den Fächern Deutsch und Mathe
- **Mehr gewusst mit der Maus:**
  spannende Informationen und tolle Mitmachangebote zu abwechslungsreichen Sachwissen-Themen, wie z. B. Piraten, Delfine und Vulkane

ISBN 978-3-12-949298-7

DieMaus